计算机类技能型理实一体化新形态系列

Python程序设计

立体化教程

（微课版）

主　编　许　华　邵在虎
张　红

清華大学出版社
北　京

内容简介

本书是项目化教程，共设计11个项目，包括猜价赢大奖、简单计算器、健康数据分析、词语踪迹寻觅、社会主义核心价值观问题挑战、公益图书角图书管理系统、校园热点话题统计、天气预报应用程序、个人财务管理系统、销售数据分析、数据校验。讲解的知识包括Python开发环境搭建、基本语法、数据类型、输入/输出、控制结构、字符串、列表与元组、集合与字典、函数、面向对象、文件和异常处理等。本书根据职业特色和岗位特征，在基于职业能力培养的同时恰当地融入了职业素养提升内容。

本书是面向没有程序设计基础的读者编写的入门教程，适用于高校计算机相关专业的学生，也可用于自学。

图书在版编目（CIP）数据

Python程序设计立体化教程：微课版/许华，邵在虎，张红主编. -- 北京：清华大学出版社，2025. 2. --（计算机类技能型理实一体化新形态系列）. -- ISBN 978-7-302-68159-5

Ⅰ. TP312.8

中国国家版本馆CIP数据核字第20254BS513号

责任编辑： 张龙卿
封面设计： 刘代书　陈昊靓
责任校对： 袁　芳
责任印制： 刘　菲

出版发行： 清华大学出版社
网　　址： https://www.tup.com.cn，https://www.wqxuetang.com
地　　址： 北京清华大学学研大厦A座　**邮　　编：** 100084
社 总 机： 010-83470000　**邮　　购：** 010-62786544
投稿与读者服务： 010-62776969，c-service@tup.tsinghua.edu.cn
质量反馈： 010-62772015，zhiliang@tup.tsinghua.edu.cn
课件下载： https://www.tup.com.cn，010-83470410
印 装 者： 北京联兴盛业印刷股份有限公司
经　　销： 全国新华书店
开　　本： 185mm×260mm　**印　　张：** 16　**字　　数：** 384千字
版　　次： 2025年2月第1版　**印　　次：** 2025年2月第1次印刷
定　　价： 49.80元

产品编号：107562-01

编 委 会

主　　编：许　华　邵在虎　张　红

副 主 编：李　娟　苏　醒　焦　建　魏　锐　丁卫东

林杰克　程文莉　范大磊

参编人员：刘　敏　张克瑜　陈　东　孙树亮　赵　伟

前言

党的二十大报告指出:“科技是第一生产力,人才是第一资源,创新是第一动力。”大国工匠和高技能人才作为人才强国战略的重要组成部分,在现代化国家建设中起着重要的作用。高等院校肩负着培养大国工匠和高技能人才的使命,近几年在技能型人才培养方面得到了迅速发展。

Python在新质生产力、产业链整合及人才培养方面起到了重要作用。随着科技的进步,Python以其灵活性高效应对新技术,推动经济发展,促进企业数据共享与智能化,优化运营效率。对高校而言,Python作为易学的语言,是培养专业人才的关键工具,尤其在专业智能化改造领域,它提供库和框架以实现自动化、视觉识别和智能决策等功能。Python教材与教学对培养时代所需人才至关重要。为发挥该教材的重要作用,编写时做了很大创新和改革,主要特点如下。

1. 融入岗位职业素养,全面落实立德树人根本任务

将“职业素养提升”贯穿教育、教学全过程,提升育人成效。在项目学习目标中设置了素质目标,教学内容融入职业素养提升模块。鼓励学生尊重知识产权,积极创新改革,弘扬工匠精神。

2. 校企合作开发项目教材,校企协同育人

与青软创新科技集团股份有限公司和天津滨海迅腾科技集团深度合作,注重校企产教融合。校企共建选取教材项目,项目选取既符合实际需求,又能满足教学需求。项目内容组织按照企业真实开发流程,从需求分析到项目实现。

3. 融入新技术、新工艺和新标准,紧跟产业发展趋势

在每个项目的最后引入与程序设计相关的新技术、新工艺,采用Python较新版本3.11的编译器开发项目,为培养新时代国家需要的爱党报国、敬业奉献的高素质及高技能型人才奠定良好的基础。

4. 配套在线开放课程,随时随地可学

本书内容已在智慧职教MOOC学院建成在线开放课程,课程网站有微课视频、PPT、动画演示、经典案例等丰富的教学资源,资源定期更新。加入开放班级也可以网上留言与全国各地学生一起学习,共同探讨。可以在智慧职教App的MOOC学院搜索"Python技术与应用"并加入课程学习。

5. 二维码视频教材,可视、可练,方便自主学习

本书针对每个项目的所有重点、难点均配置了二维码视频,读者扫描书中的二维码就可以直接观看学习;每个项目最后都配有项目在线测试,通过扫描二维码就可以进行线上测试,既方便教师教学,又方便读者自学、测试。

6. 围绕高素质技能人才培养,服务专业改革与发展

本书编者分别来自软件技术、大数据技术、智能制造、健康大数据管理与服务、大数据与会计等专业学科带头人和骨干教师以及企业高级工程师。深度调研专业发展,大力支持专业数字化和智能改造升级。

本书由许华、邵在虎、张红担任主编,由李娟、苏醒、焦建、魏锐、丁卫东、林杰克、程文莉、范大磊担任副主编,刘敏、张克瑜、陈东、孙树亮、赵伟参编,全书由许华统稿。

本书所有程序在Python 3.11下调试通过。由于编者水平有限,书中疏漏之处在所难免,恳请广大读者批评、指正。

编 者

2025年1月

目 录

项目 1　猜价赢大奖

学习目标

知识目标：

1. 了解 Python 的基本功能。
2. 认识 Python 的应用领域。
3. 掌握 Python 编码规范。

技能目标：

1. 能够熟练搭建集成开发环境 PyCharm。
2. 能够在 PyCharm 中实现 Python 程序的编写、运行。

素质目标：

1. 培养程序设计严谨、认真的职业素养。
2. 培养程序设计的基本逻辑思维能力。
3. 尊重知识产权，培养创新意识。

1.1　项 目 情 景

某电子产品公司要举行一个大型庆祝活动，在活动现场设置了一个“猜价赢大奖”的活动。系统给定产品价格，现场展示产品实物，观众通过设计的游戏程序进行猜价，5 次以内能猜中，观众就获得此奖品实物。因活动现场奖品较多，参加活动的嘉宾人数众多，为保障活动顺利无误实施，现需要根据该场景需求开发一个程序。

该程序的核心功能是输入猜价与产品实际价格对比，最多猜 5 次，5 次及 5 次以内猜中即停。基于对该项目的需求分析，项目经理列出需要完成的任务清单，如表 1-1 所示。

表 1-1　项目 1 任务清单

任务序号	任务名称	知识储备
T1-1	猜价赢大奖	• Python 简介 • Python 的应用领域 • Python 开发环境搭建 • Python 程序开发运行流程

1.2 相关知识

1.2.1 Python 简介

Python是一种高层次、解释型的编程语言，具有解释性、编译性、互动性和面向对象的特点。

Python由吉多·范罗苏姆在20世纪90年代初设计，最初是作为ABC语言的一种替代品。它以其高效的高级数据结构和对面向对象编程的支持而受到欢迎。

(1) Python的设计思想与特点。Python的设计强调代码的可读性和简洁的语法，这使它既适合专业的开发人员，也适合编程初学者。它支持多态、异常处理和多重继承等高级面向对象编程(object oriented programming，OOP)概念。

(2) Python的应用领域。Python在多个领域都有广泛的应用，包括网络开发、数据分析、人工智能、科学计算等。它的多样性和灵活性使其成为当今最受欢迎的编程语言之一。

(3) Python的发展趋势。随着技术的不断进步，Python也在不断发展。它拥有一个活跃的开发社区，不断有新的库和工具被开发出来，以适应不断变化的技术需求和市场趋势。

Python以其易学性、强大的功能和广泛的应用，成为当今编程世界中的一颗璀璨之星。无论你是想要进入编程世界，还是希望扩展你的技能集，Python都值得考虑。

微课1-1：Python简介

1.2.2 Python 的应用领域

Python的应用领域非常广泛，涵盖了从Web开发到科学计算的各个方面。

1. Web开发

Python在Web开发领域非常流行，主要得益于其丰富的框架资源，如Django、Flask和Pyramid等。这些框架提供了全面的工具集，包括路由、模板引擎、ORM(对象关系映射)以及表单处理等，使得快速开发复杂的Web应用成为可能。

2. 数据科学与机器学习

数据科学是Python的一大亮点。Pandas、NumPy、SciPy和Matplotlib等库为数据分析和可视化提供了强大支持。Scikit-learn、TensorFlow和PyTorch等库则支持机器学习和深度学习模型的构建和训练。

3. 人工智能

Python的AI库使得它在人工智能领域也非常受欢迎。自然语言处理(NLP)可以使用

NLTK 或 spaCy 等库进行文本分析和处理。计算机视觉可以使用 OpenCV 等库来处理图像和视频数据。

4. 网络爬虫

Python 的 requests 库和 BeautifulSoup 库使得爬取网页数据变得简单,广泛用于数据挖掘和市场分析。

5. 游戏开发

虽然不如 C++等语言在 3D 游戏开发中流行,但 Python 的 Pygame 库提供了制作 2D 游戏的所需功能,对于入门级或小型项目而言,Python 是一个不错的选择。

6. 科学计算与教育

Python 在科学计算领域也有着广泛应用。SciPy 提供了数学算法和便利的函数,SymPy 则用于符号计算。Python 也常用于教学,因为它被认为是一种更接近于“自然语言”的编程语言,学生可以更容易地学习和理解。

7. 金融

在金融领域,Python 用于量化交易、风险管理等,其数据分析和计算能力在这一领域尤为重要。Pandas 等库提供了对时间序列数据的高效处理能力,而如 QuantLib 等库则专门用于金融工程。

8. 自动化与脚本编写

Python 因其简单易用的特性,常被用于编写各种自动化脚本,从而提高工作效率。它可以帮助用户自动处理日常任务,如文件管理、系统配置和网络管理等。

9. 云计算与 DevOps

Python 与多个云服务平台兼容,可以用来开发和管理云基础设施,以及在云平台上部署应用和服务。在 DevOps 中,Python 脚本常用于持续集成和持续部署(CI/CD)流程中。

10. 物联网

Python 的简单性和跨平台特性使其成为物联网项目的热门选择。它可以运行在树莓派等微型计算机上,用于控制和数据采集。

Python 的多样性和灵活性,加上其庞大的社区支持和丰富的库资源,使其成为当今最受欢迎的编程语言之一。无论是初学者还是专业人士,Python 都是一个值得学习的编程语言。

微课 1-2:Python 的应用领域

1.2.3 Python 开发环境搭建

1. Python 解释器

Python 解释器的下载、安装及环境配置是使用 Python 进行编程不可或缺的基础步骤，它们为 Python 代码的编写与执行搭建起稳固的平台。

(1) 确定开发所用设备操作系统。在下载 Python 解释器之前，需要确认开发使用设备的操作系统(Windows、macOS 或 Linux)，以确保下载正确的安装包。本书中程序开发所用设备操作系统是 Windows 操作系统，后续将以此为例。

(2) 下载安装。访问 Python 的官方网站 https://www.python.org/，单击 Downloads 菜单，根据操作系统选择相应的安装包进行下载。本书选择的是适合 Windows 系统的 Python 3.11.8 下载，如图 1-1 所示。

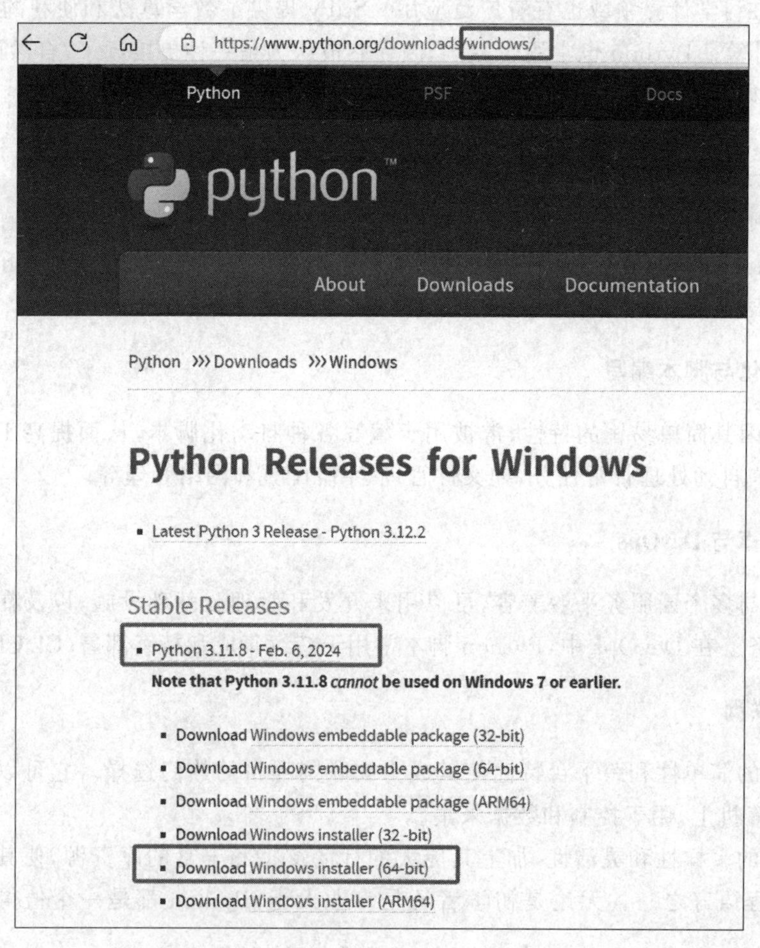

图 1-1　版本选择

下载完成后，运行安装程序并按照提示完成安装过程。在安装过程中，需要选择 Python 解释器的安装路径，确保 IDE(integrated development environment，集成开发环境)能够正确识别和使用 Python 环境，以便顺利进行开发和调试工作。为了方便在命令行中直接运行 Python 命令，建议勾选 Add python. exe to PATH 选项，如图 1-2 所示。这一操作将 Python 的可执行文件路径添加到系统的环境变量中。

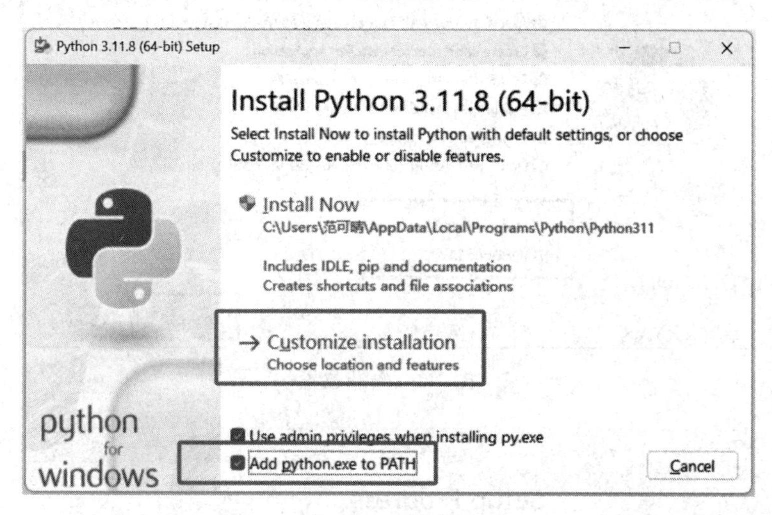

图 1-2　安装配置

配置安装选项，如图 1-3 所示。

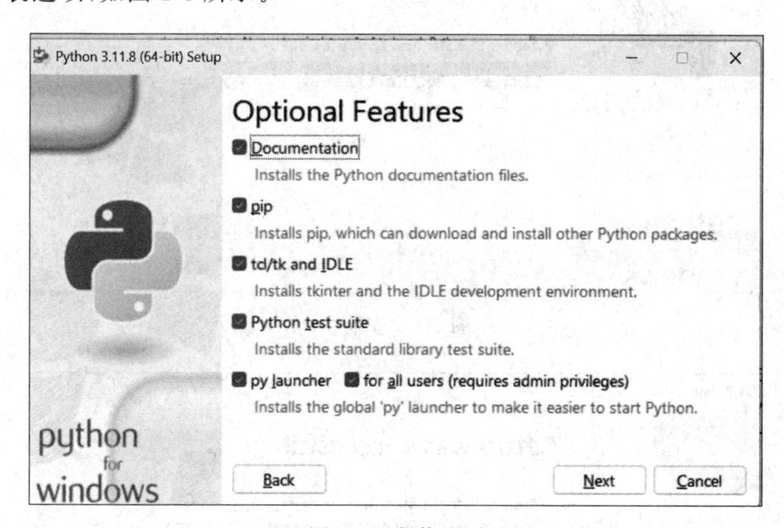

图 1-3　安装选项

选择安装位置，如图 1-4 所示。

单击图 1-4 中的 Install 按钮，执行安装命令后，显示安装进度，如图 1-5 所示。

接着出现 Setup was successful 界面，如图 1-6 所示，表示安装成功。

(3) 配置环境变量。如果系统没有自动配置环境变量，需要手动将 Python 的安装路径添加到系统的 PATH 环境变量中。请按照以下步骤操作：

① 找到 Python 的安装路径。本书的案例安装路径是 D:\python311。

② 右击“计算机”或“此电脑”，选择“属性”命令。

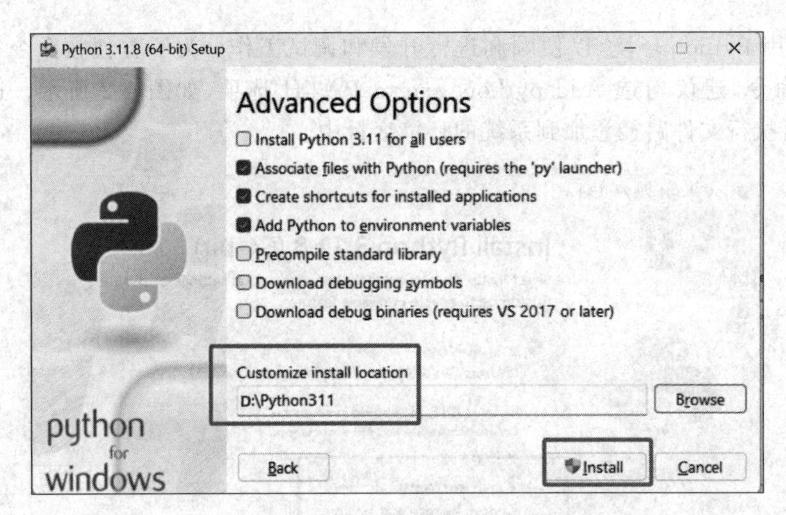

图 1-4　安装位置

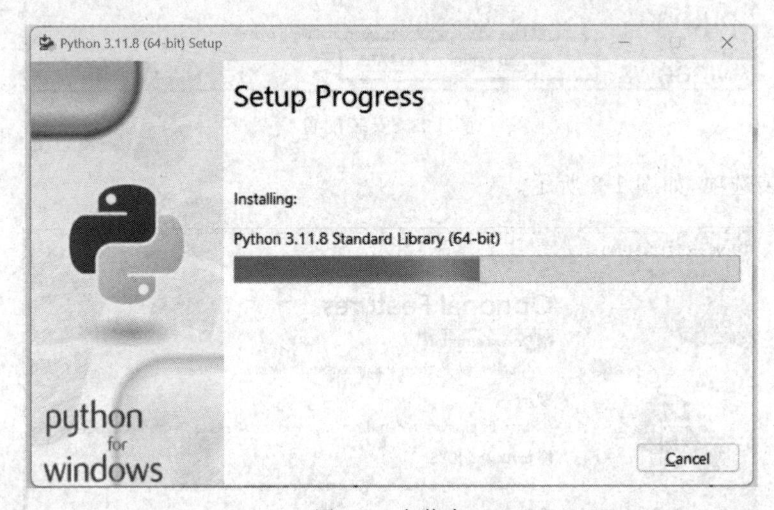

图 1-5　安装中

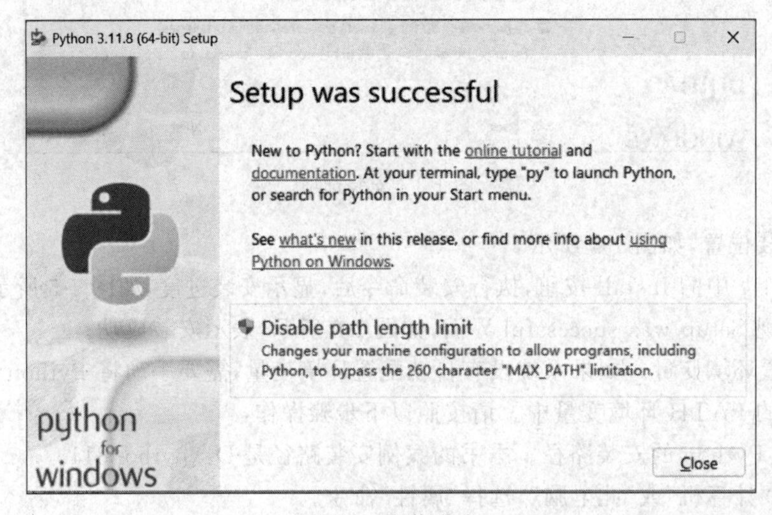

图 1-6　安装成功

③ 在弹出的窗口中选择“高级系统设置”命令，打开“系统属性”对话框，然后在“高级”选项卡中单击“环境变量”按钮。

④ 在弹出的“环境变量”对话框中选中“系统变量”中的变量 Path，然后单击“编辑”按钮，打开“编辑环境变量”对话框。

⑤ 在弹出的对话框中单击“新建”按钮，在光标所在位置输入 Python 的安装路径（如 D:\python311）。

⑥ 单击“确定”按钮，保存并关闭所有打开的对话框。

现在已经成功配置了 Python 环境变量。可以在命令提示符或 PowerShell 中输入 python 命令来启动 Python 解释器。

（4）试用。在 Windows 命令提示符或 PowerShell 中输入 python 命令来启动 Python 解释器，如图 1-7 所示，说明安装配置成功。

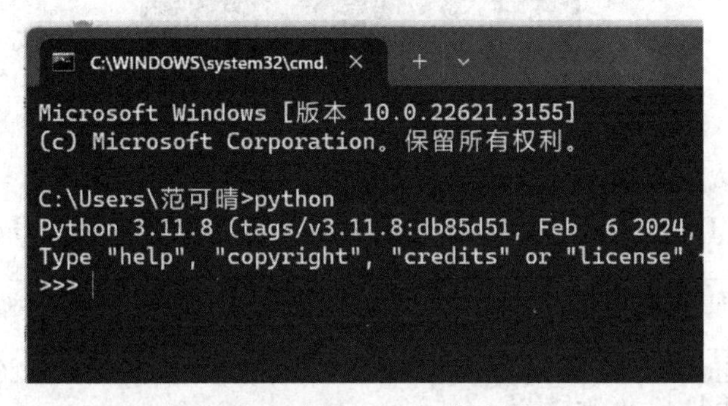

图 1-7 启动 Python 解释器

在“>>>”后面可以输入命令，例如输入：

```
print("Hello World!")
```

按 Enter 键会显示输出“Hello World!”，如图 1-8 所示。

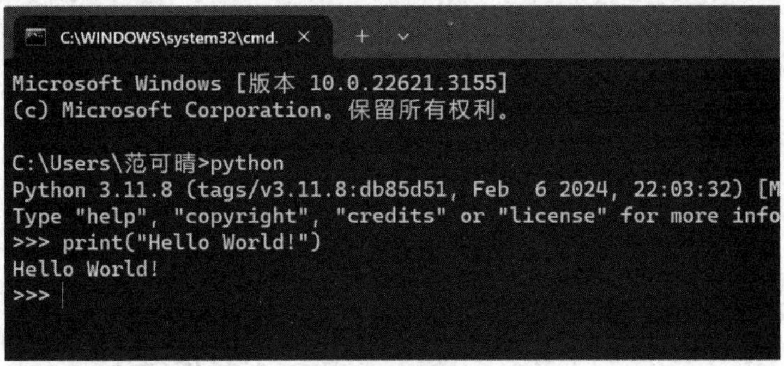

图 1-8 命令窗口

Python 官方提供了一个简单的集成开发和学习环境。IDLE（integrated development and learning environment，集成开发和学习环境）被设计成一个轻量级的工具，特别适合于初学者学习和使用 Python 语言。按键盘上的 Windows 键打开 Windows 菜单，如图 1-9 所示，从菜单中选择 IDLE(Python 3.11 64-bit)命令打开 Python 开发环境。

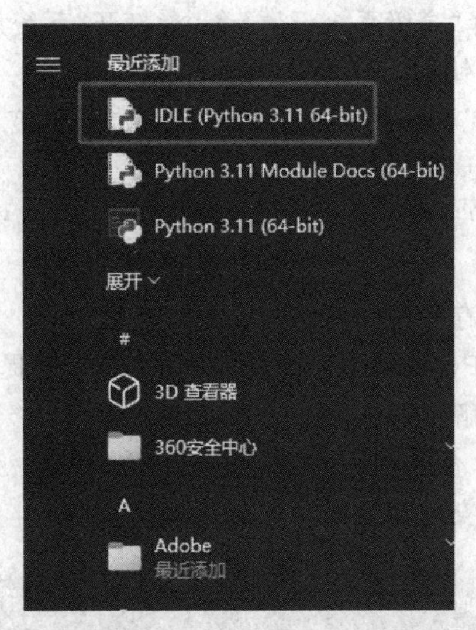

图 1-9　IDLE

在 IDLE 中可以交互式输入 Python 语句并执行，如图 1-10 所示，也可以选择 File→New File 命令打开 Python 程序编辑窗口，编写由多行语句构成的 Python 程序。

```
IDLE Shell 3.11.8
File Edit Shell Debug Options Window Help
Python 3.11.8 (tags/v3.11.8:db85d51, Feb  6 2024, 22
AMD64)] on win32
Type "help", "copyright", "credits" or "license()" f
>>> print("Hello World!")        输入Python语句
Hello World!
>>>                              交互式显示运行结果
```

图 1-10　IDEL 应用

微课 1-3：Python 解释器安装

2. PyCharm

PyCharm 是一个功能强大且跨平台的 Python IDLE，适用于 Windows、macOS 和 Linux。它提供代码补全、语法高亮、调试、性能分析、版本控制等功能，旨在提高 Python 开发效率。PyCharm 是 Python 开发者的理想选择。

(1) 下载。访问 PyCharm 官网 https://www.jetbrains.com/pycharm 的下载页面,会看到两个主要的版本可供选择:专业版(Professional)和社区版(Community)。专业版是付费版本,提供更全面的功能;而社区版则是免费的,适合学生和新入门的开发者使用。本书选择 Windows 下的 Community 版 2023 下载使用。

(2) 安装。下载完成后,双击安装包,启动安装向导,如图 1-11 所示。

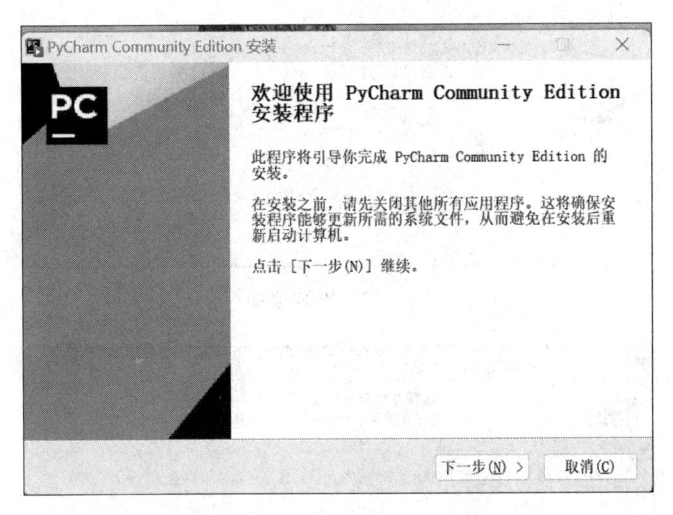

图 1-11　启动 PyCharm 安装

在安装过程中,可以选择安装目录,如图 1-12 所示。建议选择非系统盘(如 D 盘或 E 盘)以避免占用系统资源。

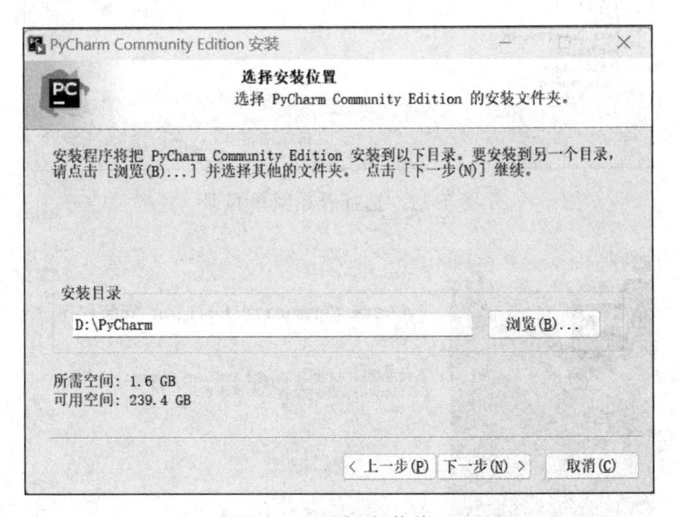

图 1-12　选择安装位置

安装过程中的安装选项设置如图 1-13 所示。建议选择 PyCharm Commuity Edition、“添加'bin'文件夹到 PATH”和“.py”3 个选项,方便开发使用。

选择开始菜单目录,如图 1-14 所示,使用默认的 JetBrains。单击“安装”按钮,等待安装完成。

安装程序结束,如图 1-15 所示。可以重启系统,开始使用 PyCharm。

图 1-13　安装选项

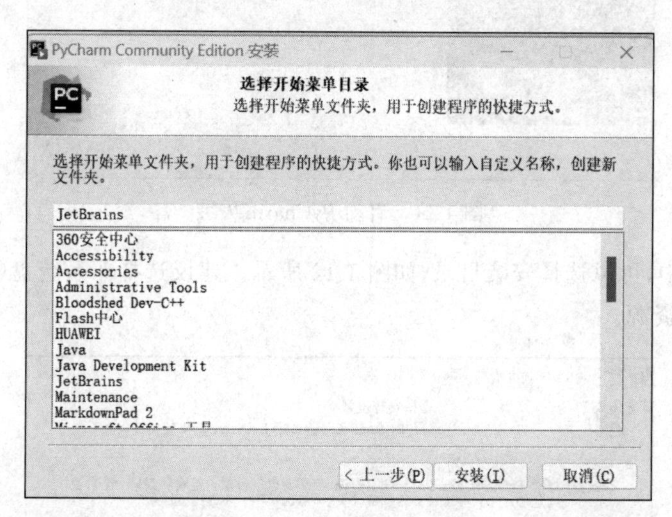

图 1-14　选择开始菜单目录

图 1-15　安装完成

（3）试用。双击桌面上的 PyCharm 图标后，打开的对话框如图 1-16 所示，根据提示在窗口中单击 New Project 按钮，创建新的项目，如图 1-17 所示。在 Name 处输入项目名称，在 Python version 处选择使用的 Python 解释器版本号，单击 Create 按钮创建项目。

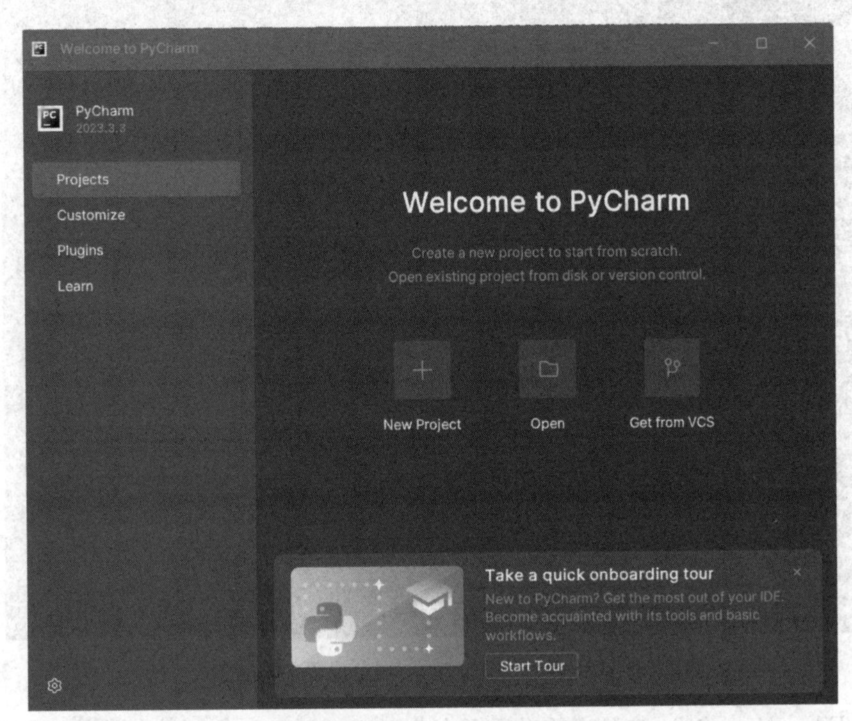

图 1-16　PyCharm 首页

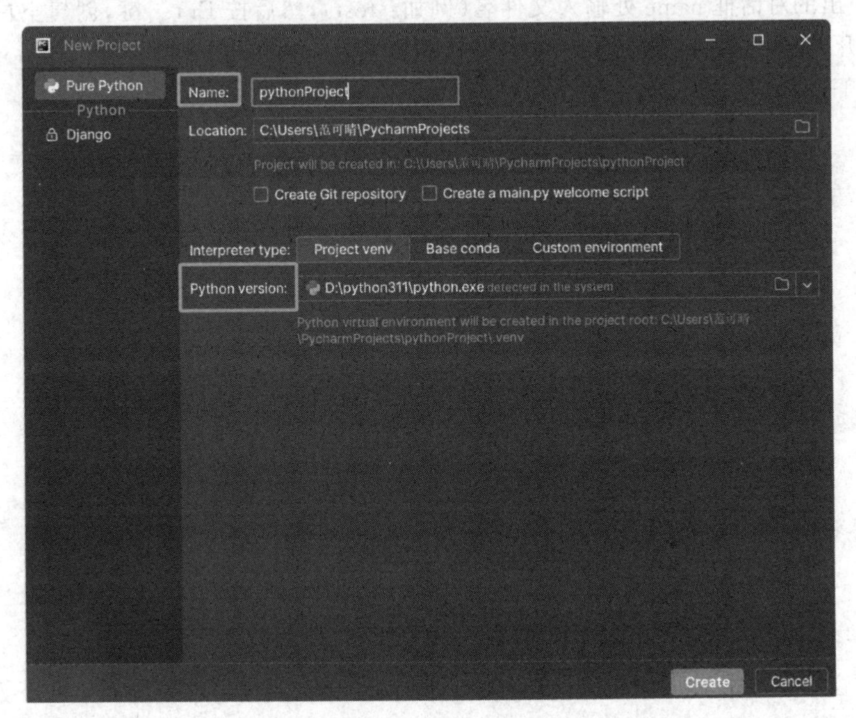

图 1-17　创建项目

PyCharm 窗口默认为黑色系,可以选择 File→Settings 命令修改窗口颜色样式,如图 1-18 所示。

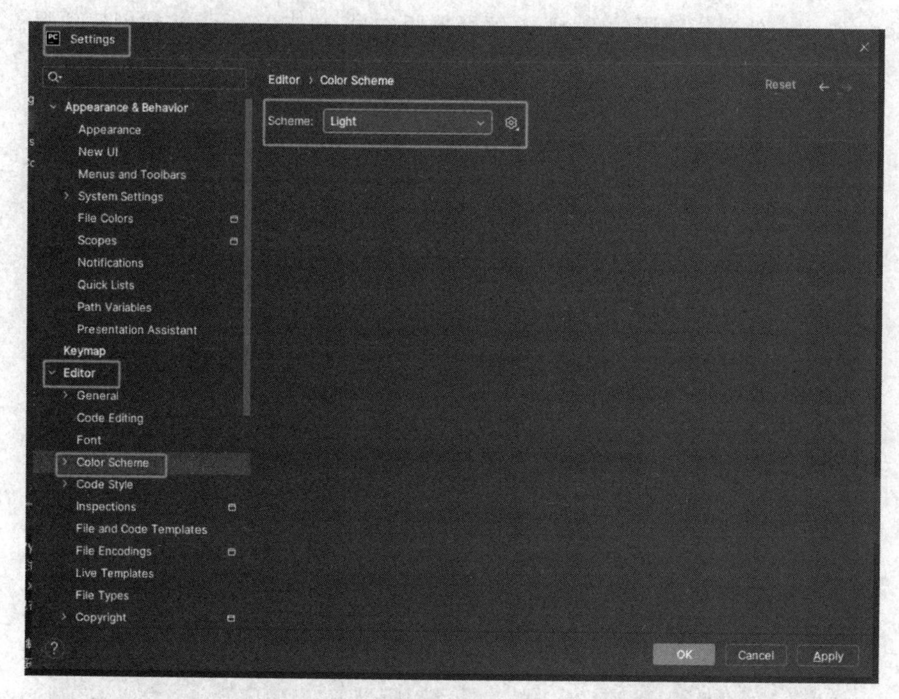

图 1-18 Python 颜色设置

选择 File→New 命令,在弹出的对话框中单击 Python File,弹出 New Python File 对话框。在弹出的对话框 name 处输入文件名(例如:test),然后按 Enter 键,创建空白 Python 文件,打开 Python 程序编辑窗口。文件默认扩展名为.py,接下来可以进行 Python 代码编写,如图 1-19 所示。

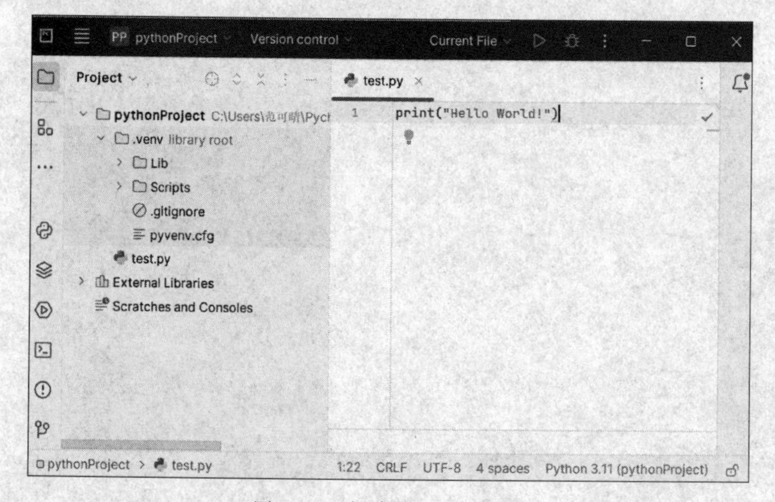

图 1-19 创建 Python 文件

在主窗口中单击 Run 按钮以启动程序。程序运行后,其输出结果将展示在下方的输出窗口中,如图 1-20 所示。如程序存在问题,需要调试,直到正确才能正常运行。

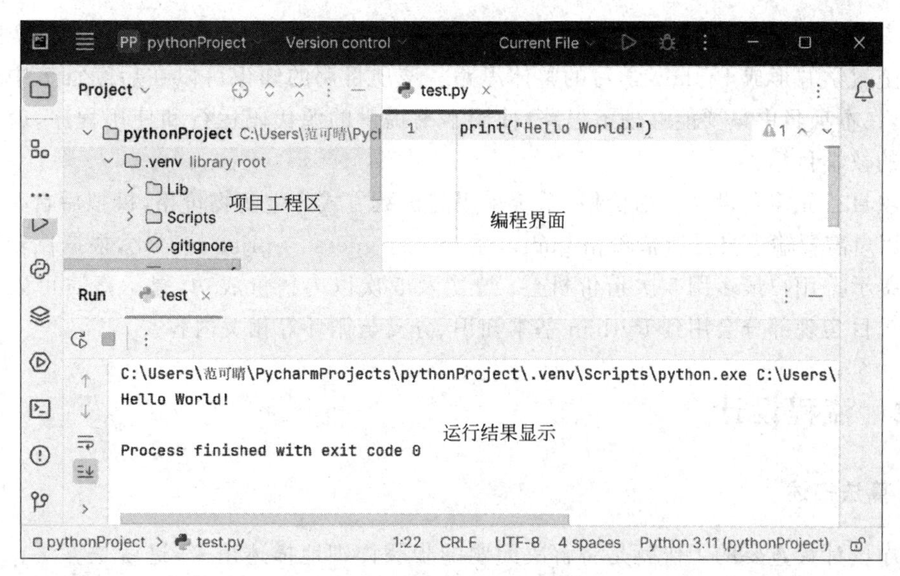

图 1-20 PyCharm 窗口

也可以选择 Run 菜单中的 Run 命令运行程序，或者使用快捷键 Ctrl+Shift+F10 运行程序。

微课 1-4：PyCharm 的安装与配置

职业素养提升

软件正版化是使用开源免费系统和开源免费软件来代替盗版软件，或者是指软件终端用户通过购买正版软件代替原来安装的非法产品。

软件正版化工作是知识产权保护工作中的一项重要内容，具有特殊的地位和重要性。软件正版化工作是我们履行国际义务及塑造大国形象的一项重要内容，是国家保护知识产权及保持经济高速发展的需要，是建设创新型国家的需要，事关国家和企业信息安全，事关企业的诚信和规范管理，对促进中国软件产业发展具有十分重要的意义。

本书的开发平台使用 PyCharm 的 Community 版，通常软件有收费版和 Community(社区)版。作为教师和学生，应到官网下载相关软件的 Community 版本进行研究、学习、交流。

1.3 项目实现

该项目包含一个任务，任务序号是 T1-1，任务名称是猜价赢大奖。

1.3.1 需求分析

在深入学习 Python 知识和技能之前，选取生活中比较熟悉的场景作为该课程学习的第一个 Python 项目。该项目设计的主要目的，是从一开始就按照软件设计岗位实际工作流程实施教学并形成 Python 学习的整体思路。该项目用的知识可以在后续章节中进行深入学习，在本项目中只要能够理解思路，使用本书提供的源代码运行和使用程序，就实现了该项目的教学目标。

该项目首先需要设计实物价格，系统采用随机数方式产生实物价格，模拟后台系统定价 price；用户需要输入自己所猜价格 guess，系统进行 guess 与 price 的对比，根据比较结果适当给予提示。用户最多用 5 次猜价机会。5 次及 5 次以内猜价成功，提示嘉宾可以拿走奖品。该项目实现部分会用到 Python 基本知识、分支与循环等相关内容。

1.3.2 流程设计

1. 算法描述

程序设计最重要的工作就是将解决问题的步骤详细地描述出来，这就是算法。算法就是解决问题的方法和步骤。这些步骤必须是有限的、可行的，而且没有模棱两可的情况。可以使用以下方法描述算法。

(1) 用自然语言描述算法。直接使用生活中的语言文字描述执行步骤。其优点是通俗易懂，但缺乏直观性和简洁性，并且容易产生歧义。

(2) 用伪代码描述算法。对于已具有程序基础的人，可以使用接近程序语言的方式来描述，不用拘泥于语法的正确性，并且很容易转化为程序语言代码。其缺点是不如流程图描述的算法直观，另外出现逻辑错误后不易排查。

(3) 用流程图描述算法。使用标准图形符号来描述执行过程，以各种不同形状的图形表示不同的操作，箭头表示流程执行的方向。流程图描述算法形象、直观，更容易理解。

2. 流程图符号说明

流程图符号说明如表 1-2 所示。

表 1-2　流程图符号说明

符　号	名　称	含　义
圆角矩形	开始或结束	表示流程图的开始或者结束
平行四边形	数据	表示数据的输入、输出
矩形	过程	表示具体处理过程
菱形	判定	表示条件判断
→	流程线	表示流程线

3. 流程图绘制原则

(1) 流程图需要使用标准的图形符号。

(2) 每个流程图符号的文字说明要简明扼要。

(3) 流程图只能有一个起点和至少一个终点。

(4) 流程图绘制方向是从上而下、从左向右。

(5) 判断符号有两条向外的连接线,结束符号不允许有向外的连接线。

4. 项目流程图

该项目流程图如图 1-21 所示。

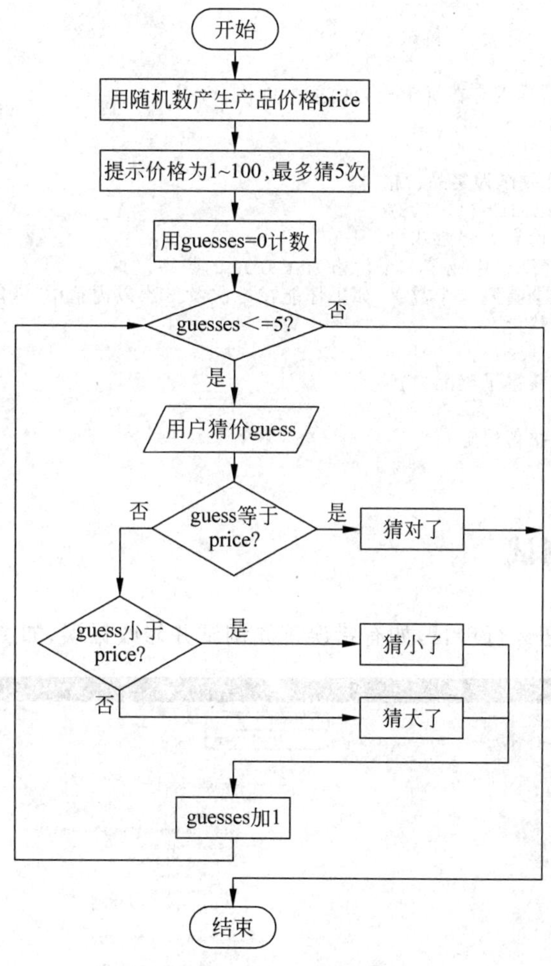

图 1-21　项目流程图

1.3.3　代码编写

该项目参考源代码如下,请初学者通过复制该代码的方式完成项目代码的编写。

```
# 导入 random 模块
import random

# 定义函数 guess_price()实现猜价
def guess_price(price):
```

```
    guesses = 0
    while guesses < 5:
        guess = int(input("请输入你猜测的价格:"))
        if guess == price:
            print("恭喜你猜对了!")
            return True
        elif guess < price:
            print("猜小了,再试一次。")
        else:
            print("猜大了,再试一次。")
        guesses += 1
    print("很遗憾,你没有在规定次数内猜中价格。")
    return False

# 生成 1~100 的随机数作为奖品价格
price = random.randint(1, 100)
print("欢迎来到猜价赢大奖游戏!")
print("现在,我已经随机生成了一个价格为 1~100 的数字。")
print("你有 5 次机会猜测这个数字,如果你能在 5 次及 5 次以内猜中,就能获得奖品!")
# 调用猜价函数执行猜价
if guess_price(price):
    print("恭喜你获得了奖品!")
else:
    print("下次再接再厉吧!")
```

1.3.4 运行并测试

(1) 单击 Run 按钮运行项目,如有错误首先调试并修改错误,如图 1-22 所示。

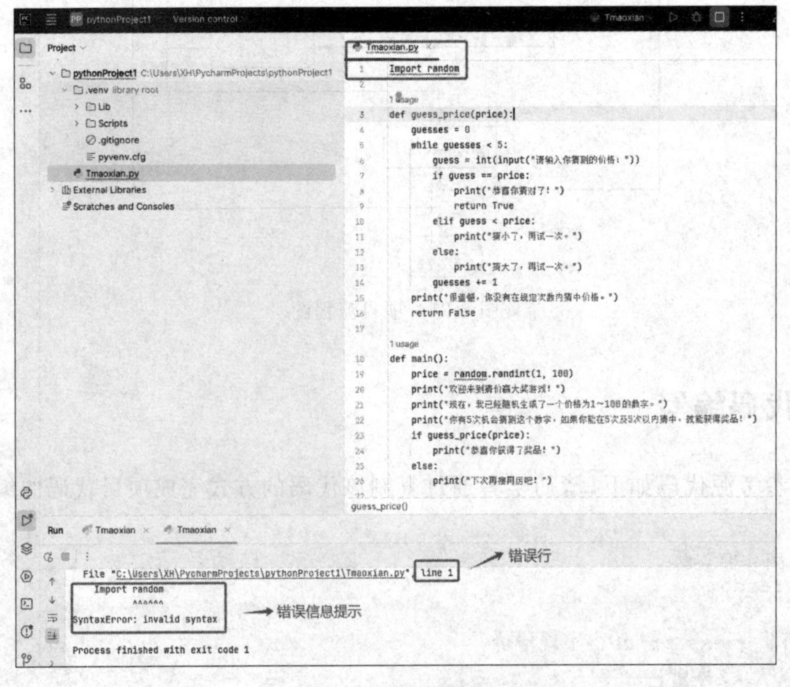

图 1-22　程序调试

错误内容：Import random。

错误提示：SyntaxError:invalid syntax（语法错误）。

正确内容：import random。

错误分析：Python 代码中区分字母大小写。

（2）修改所有错误，再次运行程序，如图 1-23 所示。

```
C:\Users\XH\PycharmProjects\pythonProject1\.venv\Script
欢迎来到猜价赢大奖游戏！
现在，我已经随机生成了一个价格为1～100的数字。
你有5次机会猜测这个数字，如果你能在5次及5次以内猜中，就能获得奖品！
请输入你猜测的价格：50
猜小了，再试一次。
请输入你猜测的价格：70
猜大了，再试一次。
请输入你猜测的价格：60
猜小了，再试一次。
请输入你猜测的价格：65
猜大了，再试一次。
请输入你猜测的价格：63
猜大了，再试一次。
很遗憾，你没有在规定次数内猜中价格。
下次再接再厉吧！

Process finished with exit code 0
```

图 1-23　程序运行结果

根据程序提示，开启“猜价赢大奖”游戏。该项目主要让初学者从整体上建立 Python 程序设计需求分析、代码编写、测试、运行等宏观印象，快速了解并认识 Python 程序设计。代码所含知识比较复杂，可在后续学习相关知识后再回到该项目进行实战学习。

小记录：

你在程序生成过程中发现________个错误，错误内容如下。

____

____

____

____

大发现：

____

____

微课 1-5：项目 1 实现

1.4 知识拓展

1.4.1 Python 编程规范

1. PEP 8 标准

Python 非常重视代码的可读性,对代码布局和排版有更加严格的要求。这里重点介绍PEP(Python enhancement proposal,Python 增强提案) 8 标准。PEP 8 是 Python 代码的编码风格指南,它为编写 Python 代码提供了一系列的规范和建议。Python 社区对代码编写的一些共同的要求、规范和一些常用的代码优化建议,最好在开始编写第一段代码时就要遵循这些规范和建议,养成一个好的习惯。

(1) 严格使用缩进来体现代码的逻辑从属关系。Python 对代码缩进是有硬性要求的,这一点必须时刻注意。在函数定义、类定义、选择结构、循环结构、with 语句等结构中,对应的函数体或语句块都必须有相应的缩进,并且一般以 4 个空格为一个缩进单位。代码示例如图 1-24 所示。

```
1   # 定义一个函数
    1 usage
2   def greet(name):
3       # 使用缩进来表示函数体的开始
4       print("Hello, " + name + "!")
5       print("Welcome to Python!")
6
7
8   # 循环结构示例
9   for i in range(5):
10      # 使用缩进来表示循环体的开始
11      print("This is loop iteration", i)
12      if i % 2 == 0:
13          # 在条件语句中,如果条件为真,则执行缩进的代码块
14          print("This is an even number.")
15      else:
16          # 如果条件为假,则执行else后的缩进的代码块
17          print("This is an odd number.")
18
19      # 使用with语句处理文件
20  with open('example.txt', 'w') as file:
21      # 使用缩进来表示with语句块的开始
22      file.write('Hello, Python!')
23
24  # 调用函数
25  greet("World")
```

图 1-24 代码示例

(2) 每个 import 语句只导入一个模块,最好按标准库、扩展库、自定义库的顺序依次导入。尽量避免导入整个库,最好只导入确实需要使用的对象。

(3) 最好在每个类、函数定义和一段完整的功能代码之后增加一个空行,在运算符两侧各增加一个空格,逗号后面增加一个空格。

(4) 尽量不要写过长的语句。如果语句过长,可以考虑拆分成多个短一些的语句,以保

证代码具有较好的可读性。如果语句确实太长而超过屏幕宽度，最好使用续行符“\”，或者使用圆括号把多行代码括起来表示是一条语句。

（5）书写复杂的表达式时，建议在适当的位置加上括号，这样可以使各种运算的隶属关系和顺序更加明确。

（6）对关键代码和重要的业务逻辑代码进行必要的注释。在 Python 中有两种常用的注释形式：＃和三引号。＃用于单行注释，三引号常用于大段说明性文本的注释。

以上是 Python 编程规范的一些基本要点，但在实际开发中，可能还会有更多的细节需要注意。开发者应当熟悉并遵循这些规范，以提高代码的可读性和可维护性。同时，也可以根据团队的实际情况，适当调整和补充规范。

职业素养提升

各行各业、各个工作岗位都有工作规范，应了解规范，认真遵守，养成良好的习惯，做事先做人。文明城市建设需要每一个人都遵纪守法，文明做人，文明做事。要进行程序设计，也要设计美好人生，共建美好家园。

2. import this

Python 中的 import this 是一个彩蛋，当你在 Python 解释器中输入 import this 并按回车键后，会显示一段关于 Python 编程的格言。这段格言被称为 The Zen of Python(Python 之禅)，它包含了 Python 的设计哲学和指导原则。

```
C:\Users\XH>python
Python 3.11.8 (tags/v3.11.8:db85d51, Feb 6 2024, 22:03:32) [MSC v.1937 64 bit
(AMD64)] on win32
Type "help", "copyright", "credits" or "license" for more information.
>>> import this
The Zen of Python, by Tim Peters

Beautiful is better than ugly.
Explicit is better than implicit.
Simple is better than complex.
Complex is better than complicated.
Flat is better than nested.
Sparse is better than dense.
Readability counts.
Special cases aren't special enough to break the rules.
Although practicality beats purity.
Errors should never pass silently.
Unless explicitly silenced.
In the face of ambiguity, refuse the temptation to guess.
There should be one-- and preferably only one --obvious way to do it.
Although that way may not be obvious at first unless you're Dutch.
Now is better than never.
Although never is often better than *right* now.
If the implementation is hard to explain, it's a bad idea.
If the implementation is easy to explain, it may be a good idea.
Namespaces are one honking great idea -- let's do more of those!
>>>
```

以下是一些关键原则的简要说明。

(1) 优美胜于丑陋(beautiful is better than ugly)。代码应该是优雅和美观的,这有助于提高代码的可读性和可维护性。

(2) 显式胜于隐式(explicit is better than implicit)。代码应该直白清晰,避免过度的隐含和暗示,使得代码的意图一目了然。

(3) 简单胜于复杂(simple is better than complex)。解决方案应尽可能简单,复杂性往往会导致更多的错误和难以理解的代码。

(4) 复杂胜于杂乱(complex is better than complicated)。在必要的情况下,代码可以复杂,但不应混乱到难以管理的程度。

(5) 扁平胜于嵌套(flat is better than nested)。代码结构应尽量扁平化,避免过深的嵌套,这样更易于理解和导航。

(6) 稀疏胜于密集(sparse is better than dense)。代码应该有足够的空白,使其看起来不拥挤,增强可读性。

(7) 可读性很重要(readability counts)。代码的主要目的是被阅读和理解,而不仅仅是为了执行一个任务。

微课 1-6:编程规范

1.4.2 Python 注释

1. 注释的用途

(1) 注释用于说明程序或语句的功能。注释可以起到提醒作用。时间久了,对当时如何实现的细节记不清了,阅读注释就可以帮助开发者回忆当时的细节。应对关键代码和重要的业务逻辑代码进行必要的注释。

(2) 方便开发者交流。项目开发过程中免不了要与其他人员合作,注释可在合作人员之间起到一个交流和桥梁的作用。

(3) 方便测试程序。如果打算临时禁用某段程序,但又在犹豫之中,那么就可以在那些语句前标上注释记号,这样这些语句就不会被执行了;事后如果觉得这些语句还有用,只要去掉注释符号,即可恢复原状,这样省时又省力。

2. 注释的方法

Python 的注释分为单行注释和多行注释两种。

(1) 单行注释。单行注释以“#”开头,可以是独立的 1 行,也可以附在语句的后部。

注意:“#”和注释内容之间应有一个空格。

第一种形式如下:

```
# 输出 hello world
print('hello world')
```

第二种形式如下：

```
print ('hello Python')          # 输出 hello Python
```

（2）多行注释。Python 中多行注释可以使用多个“#”或者使用 3 个单引号“'''”或者 3 个双引号“"""”标注开头和结尾。

例如：

```
# 第一行注释
# 第二行注释
# 第三行注释
"""
注释 1
注释 2
注释 3
"""
```

微课 1-7：注释

1.5 项目改进

从“猜价赢大奖”游戏入门学习 Python 程序设计是不是非常有趣？这是否激发了你探索 Python 世界的好奇心？你对该游戏设计效果满意吗？你可以对该项目提出改进与完善的要求并在你有能力时实现它。

（1）实现系统后台定价。

（2）你需要的其他功能。

1.6 国家智慧教育公共服务平台

国家智慧教育公共服务平台是由中国国家互联网信息办公室主导建设的，旨在为全国各级教育行政部门、学校、教师和学生提供智慧教育服务的综合性平台。该平台于 2018 年正式上线，截至 2024 年 1 月，平台已经覆盖了全球 215 个国家和地区。该平台网址为 https://www.smartedu.cn。平台的主要功能包括资源共享、学习管理、教学辅助、数据分析。

利用国家智慧教育公共服务平台可以进行以下学习。

（1）查找学习资源。国家智慧教育公共服务平台提供了大量的学习资源，包括课程视频、教学课件、在线测试等。可以根据自己的需要和兴趣，在平台上查找相关的学习资源进行自主学习和复习。

(2) 参加在线课程。国家智慧教育公共服务平台还提供了多种在线课程,包括公开课、专业课等。可以通过参加这些课程,扩展自己的知识面,提高自己的学习能力和水平。

(3) 参与学习社群。国家智慧教育公共服务平台还提供了学习社群功能,可以加入相关的社群,与其他学生交流学习经验和心得,共同探讨问题,促进学习效果的提高。

(4) 利用数据分析工具。国家智慧教育公共服务平台还提供了数据分析工具,可以帮助学习者了解自己的学习情况和进度,发现问题并及时调整学习计划和方法。

读者可以充分利用国家智慧教育公共服务平台进行自主学习和提高自己的学习能力,同时可以与其他学习者交流和分享学习经验,并共同进步。

练　一　练

1. 练习 Python 解释器的下载、安装和使用。
2. 练习 PyCharm 集成开发工具的下载、安装和使用。

测　一　测

扫码进行项目 1 在线测试。

项目 2　简单计算器

学习目标

知识目标：

1. 掌握基本的输出与输入方法。
2. 掌握 Python 中变量的定义和使用。
3. 掌握各种数据类型和运算符的使用。

技能目标：

1. 能够遵循 Python 代码规范编写程序。
2. 能够给变量恰当地命名。
3. 能够熟练使用算术运算符、关系运算符和逻辑运算符。
4. 能够使用运算符合理设计表达式。

素质目标：

1. 熟悉 Python 的代码编写规范，养成严谨、良好的编码好习惯。
2. 设计计算器，初步培养程序设计思维能力。
3. 培养团队合作意识和集体荣誉感。

2.1　项 目 情 景

某 Web 开发项目因用户要求，需要嵌入简单计算器功能，实现数据的简单运算。

计算器的核心功能是将用户输入的数据的算术运算结果、关系运算结果和逻辑运算结果快速显示出来。基于对该项目的需求分析，项目经理列出需要完成的任务清单，如表 2-1 所示。

表 2-1　项目 2 任务清单

任务序号	任务名称	知识储备
T2-1	简单计算器	• 基本输出与输入 • 数据类型和变量 • 运算符和表达式

2.2 相关知识

2.2.1 基本输出与输入

Python中有很多内置函数,能够实现基本输出与输入的有print()和input()函数等。

1. 输出函数print()

在Python中,使用print()函数可以将结果输出到标准控制台上。print()函数可以打印数字、字符串等常量,其中打印的字符串需要用引号括起来,也可以打印数值型变量、字符串变量等。

(1) print()函数的基本语法格式。

格式:

```
print([输出列表][,sep=' '][,end='\n'])
```

功能:输出指定的内容。

说明:

① 参数输出列表为要输出的内容,多个输出项之间用逗号分隔。

② 参数sep用于指定输出内容之间的分隔符,如果没有指定,默认为空格。

③ 参数end用于指定结束标识符,默认为换行符"\n"。

④ 交互式模式下也可直接输入表达式然后按Enter键就可输出相应的内容。

例2-1 编写程序,输出不同类型的数据到控制台。

```
#输出"Hello, World!"到控制台
print("Hello, World!")
print("welcome to learn Python!")          #输出一个字符串
print(3)                                   #输出常量
print(3+4)                                 #输出表达式
print(1, 2, 3)                             #输出多个数据
print(1, 2, 3, sep='+')                    #输出多个数据并设置连接符
print("我的名字是", end=':')               #更改结束标记
print("小强", end='')                      #更改结束标记,输出后不换行
print("!")
```

输出结果如下:

```
3
7
1 2 3
1+2+3
我的名字是:小强!
```

(2) 整数格式化输出。

① 用%d输出一个整数,可以指定其对齐方式、宽度等。

② 用%wd 输出一个整数,宽度是 w,如果 w＞0,则右对齐；如果 w＜0,则左对齐；如果 w 的宽度小于实际整数占的位数,则按实际整数宽度输出。

③ 用%0wd 输出一个整数,宽度是 w,此时 w＞0 右对齐；如果实际的数据长度小于 w,则右边用 0 填充。

④ 用%d 输出的一定是整数,如果实际值不是整数,那么会转为整数。

例 2-2　1921 年中国共产党成立,将数字 1921 按照不同格式输出。

```
print("{ %d }" % 1921)              # 以默认格式输出
print("{ %8d }" % 1921)             # 指定宽度为 8 位,右对齐
print("{ %-8d }" % 1921)            # 指定宽度为 8 位,左对齐
print("{ %08d }" % 1921)            # 指定宽度为 8 位,右对齐,空白位置替换为 0
```

输出结果如下：

```
{ 1921 }
{     1921 }
{ 1921     }
{ 00001921 }
```

职业素养提升

在软件开发的广阔领域中,同一个数字能够以多样化的格式呈现,而最终决定其展现方式的关键在于用户的实际需求。这种灵活性是软件开发过程中不可或缺的一环。

回望 2019 年年末,新型冠状病毒(COVID-19)的暴发如同晴天霹雳,迅速席卷全球,演变成一场前所未有的公共卫生危机。这场突如其来的疫情对世界各地的医疗体系构成了严峻考验,迫切需求高效、精准的工具来遏制病毒蔓延,并为医护人员及广大民众提供实时、可靠的信息与资源支持。

在此背景下,一个由程序员与医疗专家携手组建的团队应运而生,他们共同打造了一款功能强大的健康管理系统。该系统专为疫情监测、病例追踪及资源调配而设计,通过直观易用的用户界面,医护人员能够迅速录入确诊病例的详尽信息。随后,系统便会自动进行数据存储、分析,并生成详尽的病例报告,为疫情防控工作提供了强有力的数据支撑。

这款健康管理系统的问世,极大地提升了疫情防控的效率与成效。它不仅大幅减轻了医护人员的工作负担,还为政府决策层提供了宝贵的数据资源,使得疫情应对措施的制定与执行更加迅速、精确。此外,系统的高度透明性与即时性,也极大地增强了公众的信任与安全感,为社会的稳定与和谐注入了强大动力。

通过这一生动案例,不难发现程序设计在关键时刻对于社会健康管理与公共安全所扮演的关键角色。学习并掌握编程技能,不仅是为了个人的职业发展与成长,更是为了在面临类似全球性危机时能够挺身而出,运用所学知识与技能,为社会贡献自己的力量,共同守护人类的健康与安全。

例 2-3　规范输出日期和时间。

```
print("%4d-%02d-%02d %02d:%02d:%02d" %(1945, 9, 3, 9 ,0, 0))
```

输出结果如下：

```
1945-09-03 09:00:00
```

（3）浮点数格式化输出。

① 用% f输出一个浮点数，可以指定其对齐方式、宽度和小数位数等。

② 用%w.pf输出一个浮点数，总宽度是w，小数位占p位(p>=0)，如果w>0，则右对齐；如果w<0，则左对齐；如果w的宽度小于实际浮点数占的位数。则按实际宽度输出。小数位一定是p位，按四舍五入的原则进行，如果p=0，则表示不输出小数位。注意输出的符号、小数点都要各占一位。

例 2-4 格式化输出浮点数。

```
m = 3.1415926
print("【%f】" % m)                    # 以默认格式输出
print("【%10.3f】" % m)                # 指定宽度为10,小数位数为3,四舍五入
print("【%-10.3f】" % m)               # 指定宽度为10,小数位数为3,四舍五入,左对齐
print("【%-10.0f】" % m)               # 指定宽度为10,去掉小数,四舍五入,左对齐
```

输出结果如下：

```
【3.141593】
【     3.142】
【3.142     】
【3         】
```

（4）字符串的输出。字符串的输出规则如下。

① 用%s输出一个字符串。

② 用%ws输出一个字符串，宽度是w，如果w>0，则右对齐；如果w<0，则左对齐；如果w的宽度小于实际字符串占的位数，则按实际宽度输出。

例 2-5 格式化输出字符串。

```
m="ab"
print("|%s|"  % m)
print("|%8s|"  % m)
print("|%-8s|"  % m)
```

输出结果如下：

```
|ab|
|      ab|
|ab      |
```

微课 2-1：基本输出

2. 输入函数 input()

函数 input()是 Python 向用户提供的一种输入数据的手段。当在程序运行过程中遇到 input()语句时，程序会暂停执行，等待用户通过键盘进行输入；在获得用户的输入信息之后，程序会把此信息保存在所要求的变量里，供后面调用。

input()函数的基本语法格式如下：

```
变量名=input("<提示信息>")
```

"<提示信息>"是 input()的参数，当程序执行到 input()时，Python 就会把"<提示信息>"自动显示在屏幕上，以告知用户应该怎么做，然后暂停下来，等待用户的输入。

用户完成输入并按 Enter 键后，Python 就把输入的信息保存到调用语句左边的"变量"里，然后程序继续往下运行。

在 Python 中无论输入的是数字还是字符，输入内容都将被作为字符串读取。如果需要，可以对字符串进行类型转换。

例 2-6　编写程序，输入学生姓名、年龄、身高等信息并输出。

```
name = input("请输入姓名:")
age = input("请输入年龄:")
high = input("请输入身高(米):")
print("姓名:", name)
print("年龄:", age)
print("身高(米):", high)
```

运行结果如下：

```
请输入姓名:张三
请输入年龄:18
请输入身高(米):1.891
姓名: 张三
年龄: 18
身高(米): 1.891
```

微课 2-2：基本输入

2.2.2　数据类型和变量

1. 标识符与关键字

(1) 标识符。Python 语言中，需要对程序中各个元素命名，以便区分，这种用来标识变量、函数、类等元素的符号称为标识符。

Python语言规定,标识符由字母、数字和下划线组成,且不允许以数字开头。在使用标识符时应注意以下几点。

① 系统已用的关键字不得用作标识符。

② 下划线对解释器有特殊意义,建议避免使用其作为标识符的开头(后续章节说明)。

③ 标识符区分大小写。

④ 在Python中,允许使用汉字作为标识符,但是不建议使用。

(2) 关键字。关键字是系统已经定义过的标识符,它在程序中已有了特定的含义,因此不能再使用关键字作为其他元素的标识符。Python中所有的关键字如表2-2所示。

表2-2 Python中所有的关键字

False	None	True	__peg_parser__	and	as
assert	async	await	break	class	continue
def	del	elif	else	except	finally
for	from	global	if	import	in
is	lambda	nonlocal	not	or	pass
raise	return	try	while	with	yield

如果不小心把关键字当成了变量名使用,Python会在窗口里给出出错信息。

可以在"交互执行"模式下,通过以下方法来获得Python中的所有关键字名称。

```
import keyword
print(keyword.kwlist)
```

这时,窗口里会输出Python中所有关键字的名字。

```
['false','None','True','and','as','assert','break','class','continue','def',
'del','elif','else','except','finally','for','from','global','if','import','in',
'is','lambda','nonlocal','not','or','pass','raise','return','try','while',
'with','yield']
```

2. 数据类型

Python 3中有6个标准的数据类型:数值(number)、字符串(string)、列表(list)、元组(tuple)、集合(set)、字典(dictionary)。本项目中主要讲解数值型,其他类型在后面的项目中详细讲解。

数值类型是指表示数字或者数值的数据类型。Python中数值有以下4种类型。

(1) 整数(int)。整数可以是正整数、负整数和0,不带小数点。Python 3中整数是不限制大小的。

整数可以使用十进制、十六进制、八进制和二进制来表示。

十进制整数:如0、−1、9、123。

十六进制整数:以0x开头,如0x10、0xfa、0xabcdef。

八进制整数:以0o开头,如0o35、0o11。

二进制整数：以 0b 开头，如 0b101、0b100。

(2) 浮点数(float)。浮点型数据由整数部分与小数部分组成，既可以用小数形式表示(如 0.5、1.414、1.732、3.1415926)，也可以使用科学计数法表示。在使用科学计数法表示时，要求字母 e(或 E)前面必须有数字，后面必须为整数(如 2.3e−5、2.5e2)。

(3) 复数(complex)。Python 还支持复数，复数由浮点数部分和虚数部分构成，虚数部分使用 j 或 J 表示。复数可以用 a+bj 或者 complex(a,b)表示，实部 a 和虚部 b 都是浮点数，如 5+3j、−3.4−6.8j。

(4) 布尔值(bool)。布尔值是一种特殊的整型，布尔型数据只有两个取值：True 和 False。如果将布尔值进行数值运算，True 会被当作整数 1，False 会被当作整数 0。

3. 常量

在程序运行过程中其值保持不变的数据称为常量，通常是数学数值，也可以是一个字符或字符串。举例如下。

整数常量：3、100、−60。

浮点数常量：3.14、9.8、−3.6。

字符串常量："hello"、'我们'、""。

布尔常量：True、False。

其中字符串就是一串文字，用单引号或双引号引起来。

注意：不包含任何内容的""或''是空字符串，它不包括任何字符；而包含一个空格的" "或' '是包含一个空格的字符串。

4. 变量

在程序运行过程中其值可以变化的量称为变量。变量使用时须先为其取一个名字，称为变量名，然后才可为其赋值。在 Python 中，变量无须声明，可直接赋值。

变量就是存储数据时当前数据所在的内存地址的名字。变量是编程中最基本的单元，它会暂时引用用户需要存储的数据，可以将其理解为一个标签，找到这个标签就可以使用这个数据。

为变量赋值可以用"="来实现，具体语法格式如下：

```
<变量名>=<变量值>
```

简单赋值运算符左边是一个变量名，右边是存储在变量中的值。

(1) 变量的命名与赋值。变量命名应遵循 Python 一般标识符的命名规则，变量值可以是任意类型的数据。虽然原则上符合语法要求的字符或字符串都可以作为变量名，但为了提高程序的规范性和可读性，在给变量命名时应尽量做到见名知意，即变量名应能体现其表示的变量的含义。例如，用 age 表示年龄，用 score 表示成绩等。

变量名是标识符的一部分，其命名要遵循标识符的命名规则。常见的变量名命名方式有以下两种。

① 下划线命名法。用下划线分割小写字母段或者大写字母段，如 my_name、my_age、GLOBAL_NAME 等。

② 驼峰式命名法，包括小驼峰法和大驼峰法。其中小驼峰法是指首字母小写，其他单

词的首字母大写,如 myName、myAge、myStudentCount 等;大驼峰法又称帕斯卡命名法,是指单词的首字母大写的多个单词,如 MyName、MyAge、MyStudentCount 等。

程序中当变量被指定一个值时,对应变量就会被创建。

例 2-7 编写程序,为变量赋值不同类型的数据并输出。

```
num1 = 3              # 为变量 num1 赋值整数 3
num2 = 3.14           # 为变量 num2 赋值浮点数 3.14
num3 = 5+3j           # 为变量 num3 赋值复数 5+3j
num4 = True           # 为变量 num4 赋值布尔类型数值 True

# 输出变量 num1、num2、num3、num4
print(num1)           # 输出:3
print(num2)           # 输出:3.14
print(num3)           # 输出:(5+3j)
print(num4)           # 输出:True
```

注意:变量在使用前必须先为其赋予一个值,否则会出现错误。区别于 C、C++等语言,Python 中的变量不需要定义。例如:

```
print(n)             # 尝试访问一个未定义的变量
```

访问未定义变量的运行结果如图 2-1 所示。

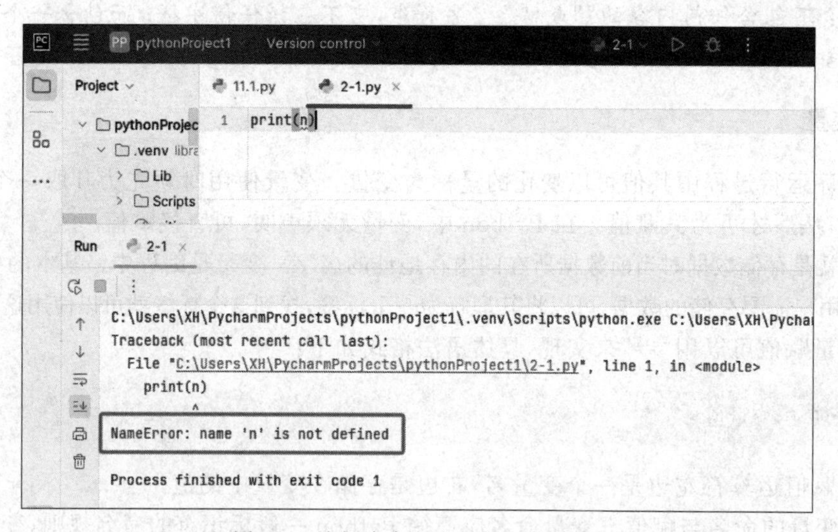

图 2-1 访问未定义变量的运行结果

在 Python 中,为变量赋值的常见方式有以下几种。

① 将同一个变量指向不同类型的对象。Python 是一种动态类型的语言,变量所指向对象的类型可以随时变化。一个变量可以通过赋值指向不同类型的对象。

例如:

```
a = 3
a = 3.14
```

以上语句会创建一个变量 a，赋值为整数 3，接着又为变量 a 赋值浮点数 3.14，程序不会报错。

② 同时给多个变量赋相同的值。

例如：

```
a = b = c = 1
```

以上语句会创建一个整数对象，值为 1，从后向前赋值，3 个变量被赋予相同的数值。

③ 同时为多个变量赋不同的值。利用半角逗号“,”分隔赋值号左边和右边的变量名及值，将右边的值按顺序赋给左边的变量名。

例如：

```
a, b, c = 1, 2.5, "LiMing"
```

以上语句，两个整数值 1 和 2 赋值给变量 a 和 b，字符串"LiMing"赋值给变量 c。

④ 在同一行为多个变量赋不同的值。利用半角分号“;”可以把两条赋值语句串接在一行上。例如，程序中有以下语句。

```
x = 3
y = 4
```

可以利用分号将它们串接为一条语句。

```
x = 3; y = 4
```

例 2-8 某程序需要从用户那里获取姓名、年龄和职业，一次同时输入。

```
name, age, occupation = input("请输入您的姓名、年龄和职业，用空格隔开：").split()
print(name, age, occupation)
```

例 2-8 的运行结果如图 2-2 所示。

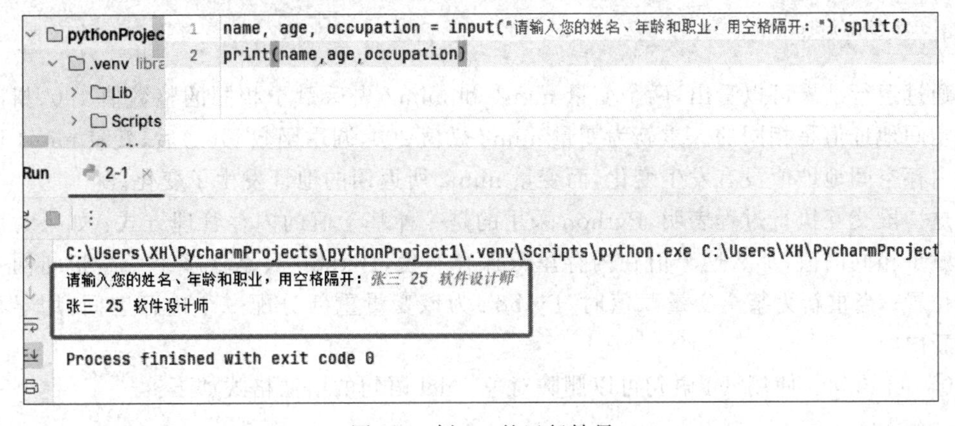

图 2-2 例 2-8 的运行结果

微课 2-3：变量的赋值 

（2）变量常用的函数和语句。

① 函数 id()。在 Python 中，使用内置函数 id()可以返回变量所指的内存空间的地址值。语法格式如下：

```
id(<变量名>)
```

例 2-9 编写程序，为变量赋值，并查看变量所指的内存空间的地址值。

```
# 为变量 num1、num2 赋予整数类型数值
num1 = 1
num2 = 2
# 查看变量所指的内存空间的地址值并打印结果到控制台
print(id(num1))            # 输出变量 num1 的内存地址
print(id(num2))            # 输出变量 num2 的内存地址
```

在 Python 中，允许多个不同变量名的变量指向同一个内存空间。

例 2-10 编写程序，为多个变量赋相同的值，并查看变量所指的内存空间的地址值。

```
# 为变量 num1、num2 赋予整数类型数值
num1 = 100
num2 = 100

# 查看变量 num1、num2 所指的内存空间的地址值并打印结果到控制台
print(id(num1))
print(id(num2))

# 为变量 num2 重新赋值
num2 = 200

# 查看变量 num1、num2 所指的内存空间的地址值并打印结果到控制台
print(id(num1))
print(id(num2))
```

通过运行结果可以看出，两个变量 num1 和 num2 先后赋予相同的整数值 100，指向的内存空间地址值是相同的。重新为变量 num2 赋值 200，调用函数 id(x)后，变量 num1 所指向的内存空间地址值没有发生变化，而变量 num2 所返回的地址发生了变化。

这一段交互执行过程表明，Python 采用的是一种基于值的内存管理方式：如果为不同变量赋予相同的值，那么这个值在内存里只保存一份，Python 只是让多个变量指向同一个内存位置；当重新为某个变量赋值时，Python 为该变量重新分配一个内存空间，用于存放它的新内容。

② del 语句。使用 del 语句可以删除对象。del 语句的语法格式如下：

```
del var1[,var2[,var3[...,varN]]]
```

可以通过使用del语句删除单个或多个对象。

例 2-11 编写程序，为变量赋值并输出，删除该变量后再次访问该变量，查看结果。

```
# 为变量 num 赋值并访问变量 num
num = 1
print(num)
# 删除变量 num
del num
# 访问变量 num
print(num)
```

例2-11的运行结果如图2-3所示。

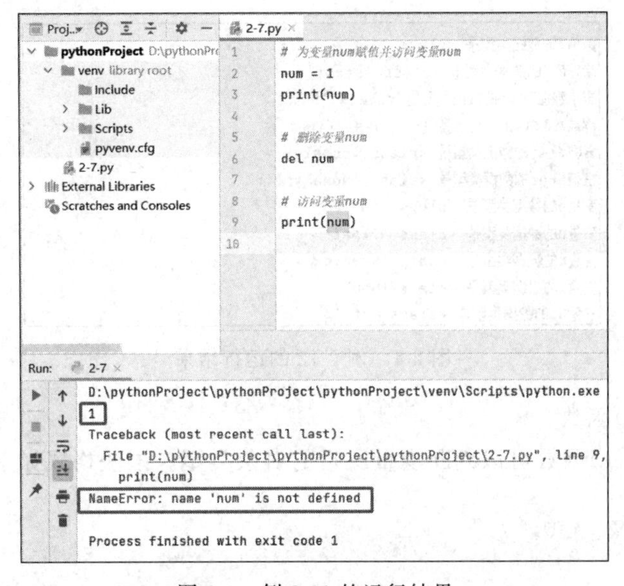

图2-3 例2-11的运行结果

从运行结果可以看出，第一次访问变量num成功，删除变量num后，第二次访问变量num报错，提示信息为变量num没有被定义。

③ type()函数。

使用type()函数可以判断变量所指的对象类型。语法格式如下：

```
type(对象)
```

例 2-12 编写程序，查看对象的数据类型。

```
print("数值 3 的数据类型是", type(3))                # 查看整数 3 的数据类型
print("字符串 3 的数据类型是", type("3"))            # 查看字符串 3 的数据类型
print("布尔数据 True 的数据类型是", type(True))      # 查看布尔数据 True 的数据类型
print("浮点数 3.14 的数据类型是", type(3.14))        # 查看浮点数 3.14 的数据类型
print("复数 3+4j 的数据类型是", type((3+4j)))        # 查看复数 3+4j 的数据类型
print("空值 None 的数据类型是", type(None))          # 查看空值 None 的数据类型
```

```
a = 20
b = 5.6
c = 4+3j
d = True
hw = "hello world"
print("变量 a 的数据类型是", type(a))          # 查看变量 a 的数据类型
print("变量 b 的数据类型是", type(b))          # 查看变量 b 的数据类型
print("变量 c 的数据类型是", type(c))          # 查看变量 c 的数据类型
print("变量 d 的数据类型是", type(d))          # 查看变量 d 的数据类型
print("变量 hw 的数据类型是", type(hw))        # 查看变量 hw 的数据类型
```

例 2-12 的运行结果如图 2-4 所示。

```
数值3的数据类型是 <class 'int'>
字符串3的数据类型是 <class 'str'>
布尔数据True的数据类型是 <class 'bool'>
浮点数3.14的数据类型是 <class 'float'>
复数3+4j的数据类型是 <class 'complex'>
空值None的数据类型是 <class 'NoneType'>
变量a的数据类型是 <class 'int'>
变量b的数据类型是 <class 'float'>
变量c的数据类型是 <class 'complex'>
变量d的数据类型是 <class 'bool'>
变量hw的数据类型是 <class 'str'>
```

图 2-4　例 2-12 的运行结果

④ isinstance()函数

使用 isinstance()函数可以判断变量所指的对象类型。语法格式如下：

```
isinstance(对象,类型)
```

功能：用于判断一个对象是否是指定数据类型的一个实例,如果是则返回 True,否则返回 False。

例 2-13　编写程序,为变量赋值,并与指定的数据类型作对比,查看对比结果。

```
# 为变量 num1、num2 赋予数值
num1 = 1
num2 = 2.15
# 判断变量 num1、num2 的数据类型是否是整数类型,并将结果打印到控制台
print("num1 是整数吗?", isinstance (num1,int))
print("num2 是浮点数吗?", isinstance (num2,int))
```

例 2-13 的运行结果如下：

```
num1 是整数吗? True
num2 是浮点数吗? False
```

从以上的运行结果可以看出,变量 num1 是整数型,与整数类型 int 对比后返回的结果是 True；变量 num2 是浮点型数值,与整数类型 int 对比后返回的结果是 False。

⑤ 数值型处理函数。对于数字类型，Python 提供了大量的函数可对其操作。常用的内置函数有求绝对值函数 abs(x)、四舍五入取整函数 round(x[,小数位数])等。

例 2-14　编写程序，对数值型数据进行处理并显示结果。

```
num1 = -3.28
num2 = 3.2485
# 对变量 num1 取绝对值
print("对变量 num1 取绝对值的结果是", abs(num1))
# 对变量 num2 四舍五入取值，保留两位小数
print("对变量 num1 四舍五入后的结果是", round(num2, 2))
# 对变量 num2 四舍五入取值，不保留小数
print("对变量 num1 四舍五入后的结果是", round(num2))
```

例 2-14 的运行结果如下：

```
对变量 num1 取绝对值的结果是 3.28
对变量 num1 四舍五入后的结果是 3.25
对变量 num1 四舍五入后的结果是 3
```

⑥ math 函数。除了内置函数外，标准模块 math 中也提供了大量的函数可供数字型数据使用。因为 math 函数库不是内置函数，所以使用之前要先导入函数库。关于函数的详细概念在项目 6 中会详细介绍。math 函数库中的函数功能说明如表 2-3 所示。

表 2-3　math 函数库中的函数功能说明

函　　数	功 能 说 明
ceil(x)	返回数字的上入整数，如 math.ceil(4.1) 返回 5
floor(x)	返回数字的下舍整数，如 math.floor(4.9)返回 4
sqrt(x)	返回 x 的平方根
factorial(x)	返回 x 的阶乘
gcd(x, y)	返回 x、y 的最大公约数
log10(x)	$\log_{10} x$
log2(x)	$\log_2 x$
sin(x)、cos(x)、tan(x)等	三角函数

例 2-15　计算一个数的平方根。

```
# 导入 math 函数库
import math

# 计算 9 的平方根
result = math.sqrt(9)
print("9 的平方根为:", result)

# 计算 16 的平方根
result = math.sqrt(16)
print("16 的平方根为:", result)
```

例 2-15 的运行结果如下：

```
9 的平方根为：3.0
16 的平方根为：4.0
```

微课 2-4：变量的常用函数

5. 数据类型转换

Python 中常量、变量的数据类型是可以根据需要进行转换的。

(1) 字符串通过 int(字符串)转换成整数，通过 float(字符串)转换为浮点数。例如：

```
age = input("age=")
age = int(age)
high = input("high=")
high = float(high)
```

(2) 整数、浮点数通过 str(数值)把数值转换成字符串。例如：

```
m = 20
n = 1.23
s = str(m)
t = str(n)
```

Python 中内置了一系列可用于实现强制类型转换的函数，如表 2-4 所示。

表 2-4 Python 中内置的强制类型转换函数

序号	语 法 格 式	说 明
1	int(x[,base])	将 x 转换为一个整数
2	float(x)	将 x 转换为一个浮点数
3	complex(real[,imag])	创建一个复数
4	complex(x)	将 x 转换为一个复数，浮点数部分为 x，虚数部分为 0
5	complex(x,y)	将 x 和 y 转换为一个复数，浮点数部分为 x，虚数部分为 y。x 和 y 是数字表达式
6	str(x)	将对象 x 转换为字符串
7	repr(x)	将对象 x 转换为表达式字符串
8	eval(str)	用来计算在字符串中的有效 Python 表达式，并返回一个对象
9	tuple(s)	将序列 s 转换为一个元组
10	list(s)	将序列 s 转换为一个列表
11	set(s)	转换为可变集合
12	dict(d)	创建一个字典，d 必须是一个(key,value)元组序列
13	frozenset(s)	转换为不可变集合
14	chr(x)	将一个整数转换为一个字符
15	ord(x)	将一个字符转换为它对应的整数值
16	hex(x)	将一个整数转换为一个十六进制字符串
17	oct(x)	将一个整数转换为一个八进制字符串

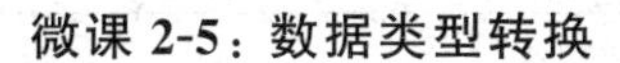

2.2.3　运算符和表达式

不同的数据类型适用于不同的运算符，Python 中针对不同的数据类型提供了几种不同的运算符。用运算符、括号将数据连接起来的有意义的式子称为表达式。运算符的两边都要留有空格。

1. 算术运算符

算术运算符用于对数字型数据（整型、浮点型、复数）进行运算，算术运算符如表 2-5 所示。

表 2-5　算术运算符

运算符	含　义	示　　例
+	加	3+5 的结果为 8
−	减	3−2 的结果为 1
*	乘	3*2 的结果为 6
/	除	5/2 的结果为 2.5
%	取余	5%2 的结果为 1
**	幂运算	3**2 的结果为 9
//	求整商	9//4 的结果为 2

说明：

（1）“//”的结果为整数，对整数和浮点数都可用，如操作数中有浮点数，结果为浮点数形式的整数。

（2）“/”的结果是浮点数。

（3）对于复数，“%”和“//”运算无效。

（4）对浮点数来说，“%”运算的结果是“a//b”的浮点数余数，即“a−(a//b)*b”。

（5）算术运算符的优先级是先幂运算，然后乘除取余求整商，最后加减。

例 2-16　编写程序，对变量进行算术运算，并输出计算结果。

```
print("13+3=", 13+3)            # 加法运算
print("23-8.3=", 23-8.3)        # 减法运算
print("22*2.2=", 22*2.2)        # 乘法运算
print("13//3=", 13//3)          # 整数进行“//”运算，结果为整数
print("8.9//3=", 8.9//3)
# 浮点数进行“//”运算，结果为浮点数，显示的形式为整数
print("10/5=", 10/5)            #“/”运算的结果为浮点数
print("10.5%2=", 10.5 % 2)
# 浮点数和整数都可以进行求模运算，复数不能进行“%”运算
```

例 2-16 的运行结果如图 2-5 所示。

```
13+3= 16
23-8.3= 14.7
22*2.2= 48.400000000000006
13//3= 4
8.9//3= 2.0
10/5= 2.0
10.5%2= 0.5
```

图 2-5　例 2-16 的运行结果

2. 关系运算符

关系运算符通常用于比较两个数据之间的大小关系。假设 x 的值是 7,y 的值是 2,关系运算符及运算结果,如表 2-6 所示。

表 2-6　关系运算符

运算符	名　称	说　明	实　例	运行结果
＝＝	等于	比较 x 和 y 两个对象是否相等	x ＝＝ y	False
!＝	不等于	比较 x 和 y 两个对象是否不相等	x !＝ y	True
＞	大于	比较 x 是否大于 y	x ＞ y	True
＜	小于	比较 x 是否小于 y	x ＜ y	False
＞＝	大于或等于	比较 x 是否大于或等于 y	x ＞＝ y	True
＜＝	小于或等于	比较 x 是否小于或等于 y	x ＜＝ y	False

说明:

(1) 通常情况下,关系运算符用于比较同一类型的操作数,且操作数之间能比较大小,比较才有效。

(2) 复数无法进行比较。

(3) Python 中允许关系运算符的连用。如"2 ＜ 10 ＜ 17"相当于"2 ＜ 10 并且 10 ＜ 17"。

(4) 关系运算符的优先级都是一样的。

例 2-17　编写程序,比较各种类型的数值,并输出比较结果。

```
print("13>3 的结果为", 13 > 3)                # 输出 13>3 的结果为 True
print("23<8.3 的结果为", 23 < 8.3)            # 输出 23<8.3 的结果为 False
print("22>2.2>1 的结果为", 22 > 2.2 > 1)      # 输出 22>2.2>1 的结果为 True
print("13<3>1 的结果为", 13 < 3 > 1)          # 输出 13<3>1 的结果为 False
print("8.9==3>1 的结果为", 8.9 == 3 > 1)      # 输出 8.9==3>1 的结果为 False
print("a>b 的结果为", 'a' > 'b')              # 输出 a>b 的结果为 False
print("a<b 的结果为", 'a' < 'b')              # 输出 a<b 的结果为 True
```

3. 逻辑运算符

逻辑运算符只有 3 个,按优先级从高到低分别是 not、and 和 or。逻辑运算符如表 2-7 所示。

表 2-7 逻辑运算符

运算符	逻辑表达式	含 义	示 例
not	not x	逻辑非：如果 x 为 True(或等价于 True)，返回 False；如果 x 为 False(或等价于 False)，它返回 True	not True 的结果为 False
and	x and y	逻辑与：如果 x 是 False(或等价于 False)，它返回 x 的值，否则返回 y 的值	True and False 的结果为 False
or	x or y	逻辑或：如果 x 是 True(或等价于 True)，它返回 x 的值，否则返回 y 的值	True or False 的结果为 True

说明：

(1) 一般来说，逻辑运算符两边的操作数应是布尔型数据，但由于布尔型数据 True 和 False 分别映射到整型数据的 1 和 0，可以将整数的非 0 值理解为 True，而整数 0 理解为 False，因此逻辑运算符两边的操作数可以是非布尔型数据。

(2) 当逻辑运算符两边的操作数不是布尔型数据 True 和 False 时，运算符 and 和 or 的结果也不一定是 True 或 False，但运算符 not 的结果一定是 True 或 False。

(3) 逻辑运算符 and 和 or 具有短路求值的特性，对于"表达式 1 and 表达式 2"运算，如果表达式 1 的值为 False 或相当于 False，则直接返回表达式 1 的值，表达式 2 不会被计算；对于"表达式 1 or 表达式 2"运算，如果表达式 1 的值为 True 或相当于 True，则直接返回表达式 1 的值，表达式 2 不会被计算。

例 2-18 编写程序，对数值进行逻辑运算，并输出运算结果。

```
# 用 and 运算符时，表达式中只要有一个值为 False，结果为 False
print("True and True:", True and True)
print("False and False:", False and False)
print("True and False:", True and False)

# or 运算符，只有所有的值都是 False，结果才是 False
print("True or True:", True or True)
print("True or False:", True or False)
print("False or False:", False or False)

# and 运算符，只要有一个值为 0，则结果为 0；否则结果为最后一个非 0 数字
print("8 and 5:", 8 and 5)            # 8 的值相当于 True，返回 and 右侧的值
print("0 and 5:", 0 and 5)            # 0 的值相当于 False，返回 and 左侧的值

# or 运算符，只有所有值为 0，结果才为 0；否则结果为第一个非 0 数字
print("8 or 5:", 8 or 5)              # 8 的值相当于 True，返回 or 左侧的值
print("0 or 5:", 0 or 5)              # 0 的值相当于 False，返回 or 右侧的值
print("0 or 4+5:", 0 or 4+5)          # 0 的值相当于 False，返回 or 右侧的值

# not 取布尔值的相反值
print("not 5:", not 5)                # 5 相当于 True，返回 False
print("not 0:", not 0)                # 0 相当于 False，返回 True
```

例 2-18 的运行结果如图 2-6 所示。

```
True and True: True
False and False: False
True and False: False
True or True True
True or False True
False or False: False
8 and 5: 5
0 and 5: 0
8 or 5: 8
0 or 5: 5
0 or 4+5: 9
not 5: False
not 0: True
```

图 2-6　例 2-18 的运行结果

微课 2-6：算术运算、逻辑运算和关系运算

4. 赋值运算符

Python 中的赋值运算符分为简单赋值运算符和复合赋值运算符。

(1) 简单赋值运算符。“＝”是简单赋值运算符，其作用是给变量赋值。

(2) 复合赋值运算符。在简单赋值运算符“＝”前加上其他运算符(不仅仅只是表中列出的算术运算符，还可以是位运算符)，就构成复合赋值运算符，如“＋＝”“－＝”“＊＝”“<<＝”“&＝”等。

采用复合赋值运算符可使程序更加简洁，例如，a＋＝3 等价于 a＝a＋3。赋值运算符如表 2-8 所示。

表 2-8　赋值运算符

运算符	含　义	示　例
＝	简单的赋值运算符	a ＝ 8
＋＝	加法赋值运算符	a ＋＝ 2 等效于 a ＝ a ＋ 2
－＝	减法赋值运算符	a －＝ 2 等效于 a ＝ a － 2
＊＝	乘法赋值运算符	a ＊＝ 2 等效于 a ＝ a ＊ 2
/＝	除法赋值运算符	a /＝ 2 等效于 a ＝ a / 2
%＝	取模赋值运算符	a %＝ 2 等效于 a ＝ a % 2
**＝	幂赋值运算符	a **＝ 2 等效于 a ＝ a ** 2
//＝	取整除赋值运算符	a //＝ 2 等效于 a ＝ a // 2

复合赋值运算符的优先级：先计算复合赋值运算符右侧的表达式，再计算复合赋值运算的算数运算，最后计算赋值运算。例如：

```
a = 1
b = 2
a += b *3
```

最后一行的计算过程是：先计算右侧的表达式 b＊3，得到值 6；然后计算 a＋6，得到值 7；最后计算赋值运算 a＝7。

5. 身份运算符

身份运算符主要用于比较两个对象的存储单元是否相同，有 is 和 is not 两个运算符。身份运算符如表 2-9 所示。

表 2-9　身份运算符

运算符	含　义	示　例
is	判断两个标识符是不是引用自同一个对象，如果是引用自同一个对象，返回值为 True，否则为 False	a is b，如果 id(a) 等 id(b)，返回 True
is not	判断两个标识符是不是引用自不同对象，如果是引用自不同对象，返回值为 True，否则为 False	a is not b，如果 id(a) 不等于 id(b)，返回 True

身份运算符 is 就相当于判断两个变量的 id()值是否相同，如果相同，返回值为 True，否则为 False。

身份运算符 is not 就相当于判断两个变量的 id()值是否不相同，如果不相同，返回值为 True，否则为 False。

例 2-19　编写程序，判断两个变量是否引用自同一个对象，并输出判断结果。

```
# 为变量 a、b 赋值
a = 1
b = 1

# 判断 a 和 b 是否引用自同一个对象
print(a is b)                # 输出:True

# 改变变量 b 的值并再次判断
b = 2
print(a is b)                # 输出:False
print(a is not b)            # 输出:True
```

6. 成员归属运算符

成员运算符主要用于测试一个数据是否是一个序列中的数据成员。

注意：该运算符不能用于数值型数据的判断。

成员归属运算符如表 2-10 所示。

表 2-10　成员归属运算符

运算符	含　义	示　例
in	判断一个数据是否是一个序列中的数据成员，如果是，返回值为 True，否则返回值为 False	"h" in "hello"结果为 True
not in	判断一个数据是否不是一个序列中的数据成员，如果不是，返回值为 True，否则返回值为 False	"H" not in "hello"结果为 True

例 2-20　编写程序，判断两个变量是否引自同一个对象，并输出判断结果。

```
# 为变量 a、b 赋值
a = 1
```

```
b = 1

# 判断 a 和 b 是否引自同一个对象
print(a is b)                    # 输出:True

# 改变变量 b 的值并再次判断
b = 2
print(a is b)                    # 输出:False
print(a is not b)                # 输出:True
```

7. 位运算符

位运算符只能用于整数，其内部执行过程是：首先将整数转换为二进制数，其次按位进行运算，最后把计算结果转换为十进制数返回。变量 a 为 60(0011 1100)，b 为 13(0000 1101)。位运算符如表 2-11 所示。

表 2-11　位运算符

运算符	含　义	示　例
&	按位与运算符：参与运算的两个值，如果两个相应位都为 1，则该位的结果为 1，否则为 0	(a & b)输出结果为 12，二进制解释：0000 1100
|	按位或运算符：只要对应的两个二进位有一个为 1 时，结果位就为 1。	(a | b)输出结果为 61，二进制解释：0011 1101
^	按位异或运算符：当两对应的二进位相异时，结果为 1	(a ^ b)输出结果为 49，二进制解释：0011 0001
~	按位取反运算符：对数据的每个二进制位取反，即把 1 变为 0，把 0 变为 1	(～a)输出结果为 －61，二进制解释：1100 0011
<<	左移动运算符：运算数的各二进位全部左移若干位，由“＜＜”右边的数指定移动的位数，高位丢弃，低位补 0	a ＜＜ 2 输出结果为 240，二进制解释：1111 0000
>>	右移动运算符：把“＞＞”左边的运算数的各二进位全部右移若干位，“＞＞”右边的数指定移动的位数	a ＞＞ 2 输出结果为 15，二进制解释：0000 1111

微课 2-7：其他运算

2.3　项目实现

该项目包含一个任务，任务名称是简单计算器。

2.3.1　分析与设计

1. 需求分析

完成该项目需要的数据输入、处理和输出分析如下。

(1) 数据输入。定义两个变量 num1 和 num2,通过 input()函数完成数据的输入；使用 float()函数完成数据类型的转换。

(2) 数据处理。对 num1 和 num2 进行算术运算、关系运算和逻辑运算。

(3) 数据输出。使用 print()函数将运算结果输出到显示器。

2. 流程设计

该项目流程图如图 2-7 所示。

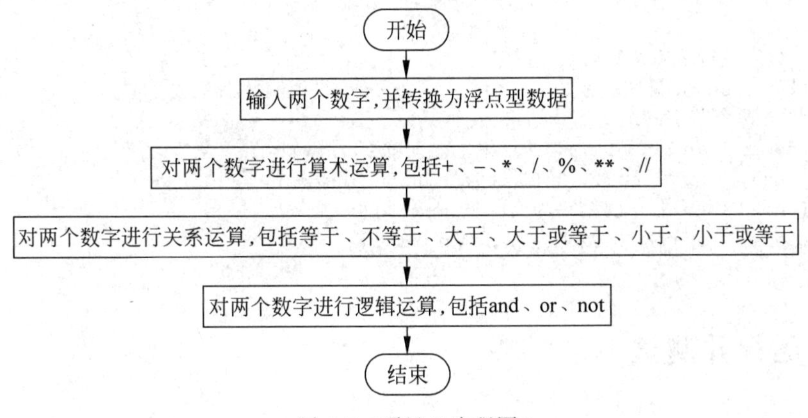

图 2-7　项目 2 流程图

2.3.2　代码编写

该项目为顺序流程语句,项目参考源代码如下：

```
# 项目 2 简单计算器程序
# 输入两个数字,并将数字转换为浮点型数据
num1 = float(input("请输入一个数字:"))
num2 = float(input("请再输入一个数字:"))

# 对两个数字进行算术运算
print("\n 两个数字的算术运算结果为:")
print(num1, '+', num2, '=', round(num1 + num2, 2))        # 对两个数字进行加法运算,并保留两位小数
print(num1, '-', num2, '=', round(num1 - num2, 2))        # 对两个数字进行减法运算,并保留两位小数
print(num1, '*', num2, '=', round(num1 *num2, 2))         # 对两个数字进行乘法运算,并保留两位小数
print(num1, '/', num2, '=', round(num1 / num2, 2))        # 对两个数字进行除法运算,并保留两位小数
print(num1, '%', num2, '=', round(num1 % num2, 2))        # 对两个数字进行取余运算,并保留两位小数
print(num1, '**', num2, '=', round(num1 **num2, 2))       # 对两个数字进行幂运算,并保留两位小数
print(num1, '//', num2, '=', int(num1 // num2))           # 对两个数字进行求整商运算,只显示整数部分
```

```
# 对两个数字进行关系运算
# 当结果为 True 时，说明关系成立；当结果为 False 时，说明关系不成立
print("\n 两个数字的关系运算结果为：")
print(num1, "等于", num2, "的结果为", num1 == num2)
print(num1, "不等于", num2, "的结果为", num1 != num2)
print(num1, "大于", num2, "的结果为", num1 > num2)
print(num1, "大于等于", num2, "的结果为", num1 >= num2)
print(num1, "小于", num2, "的结果为", num1 < num2)
print(num1, "小于等于", num2, "的结果为", num1 <= num2)

# 对两个数字进行逻辑运算
# 当结果为 True 时，说明关系成立；当结果为 False 时，说明关系不成立
print("\n 两个数字的逻辑运算结果为：")
print(num1, " and ", num2, "的结果为", num1 and num2)
print(num1, " or ", num2, "的结果为", num1 or num2)
print("not ", num1, "的结果为", not num1)
print("not ", num2, "的结果为", not num2)
```

2.3.3 运行并测试

（1）单击 Run 按钮运行项目，如有错误，首先调试、修改错误，如图 2-8 所示。

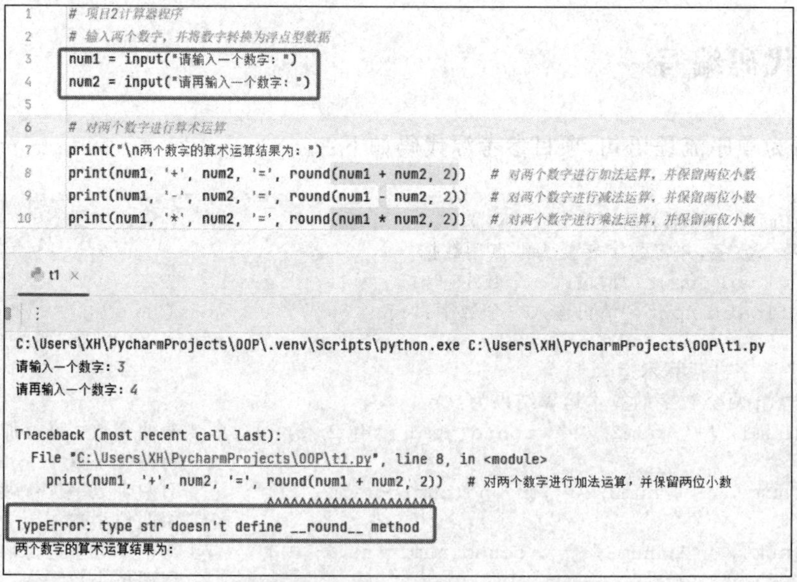

```
1   # 项目2计算器程序
2   # 输入两个数字，并将数字转换为浮点型数据
3   num1 = input("请输入一个数字：")
4   num2 = input("请再输入一个数字：")
5
6   # 对两个数字进行算术运算
7   print("\n两个数字的算术运算结果为：")
8   print(num1, '+', num2, '=', round(num1 + num2, 2))   # 对两个数字进行加法运算，并保留两位小数
9   print(num1, '-', num2, '=', round(num1 - num2, 2))   # 对两个数字进行减法运算，并保留两位小数
10  print(num1, '*', num2, '=', round(num1 * num2, 2))   # 对两个数字进行乘法运算，并保留两位小数

t1 ×

C:\Users\XH\PycharmProjects\OOP\.venv\Scripts\python.exe C:\Users\XH\PycharmProjects\OOP\t1.py
请输入一个数字：3
请再输入一个数字：4

Traceback (most recent call last):
  File "C:\Users\XH\PycharmProjects\OOP\t1.py", line 8, in <module>
    print(num1, '+', num2, '=', round(num1 + num2, 2))   # 对两个数字进行加法运算，并保留两位小数
                                ^^^^^^^^^^^^^^^^^^^^^^
TypeError: type str doesn't define __round__ method
两个数字的算术运算结果为：
```

图 2-8 第一次运行项目

错误提示“type str doesn't define __round__ method”，是因为通过 input 输入的数据默认是字符串类型。如果对其进行运算，需要改变一下数据类型。

```
num1 = input("请输入一个数字：")
num2 = input("请再输入一个数字：")
```

更改为如下代码。

```
num1 = float(input("请输入一个数字："))
num2 = float(input("请再输入一个数字："))
```

（2）修改所有错误，再次运行，如图 2-9 所示。

```
请输入一个数字：3.3
请再输入一个数字：4.4

两个数字的算术运算结果为：
3.3 + 4.4 = 7.7
3.3 - 4.4 = -1.1
3.3 * 4.4 = 14.52
3.3 / 4.4 = 0.75
3.3 % 4.4 = 3.3
3.3 ** 4.4 = 191.19
3.3 // 4.4 = 0

两个数字的关系运算结果为：
3.3 等于 4.4 的结果为 False
3.3 不等于 4.4 的结果为 True
3.3 大于 4.4 的结果为 False
3.3 大于等于 4.4 的结果为 False
3.3 小于 4.4 的结果为 True
3.3 小于等于 4.4 的结果为 True

两个数字的逻辑运算结果为：
3.3  and  4.4 的结果为 4.4
3.3  or  4.4 的结果为 3.3
not  3.3 的结果为 False
not  4.4 的结果为 False
```

图 2-9　项目 2 的运行结果

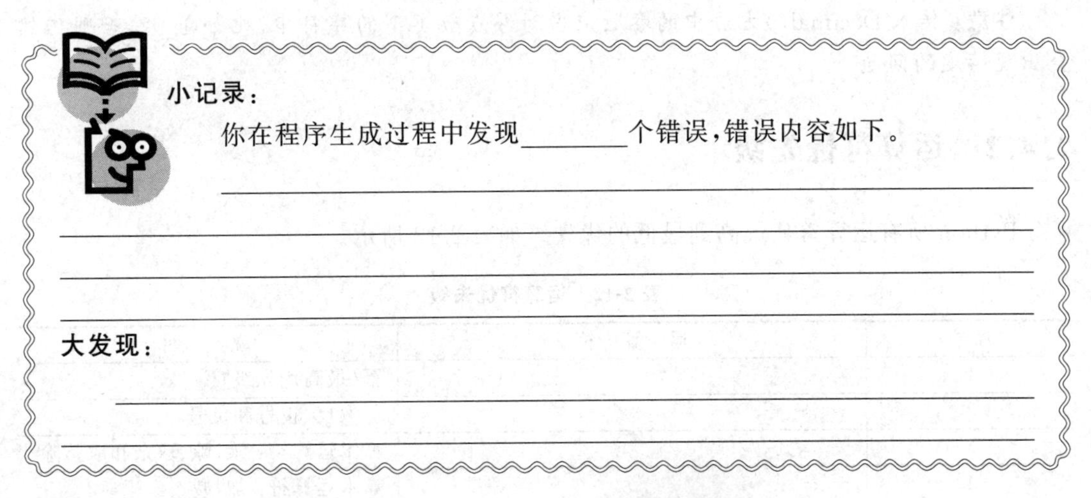
小记录：
你在程序生成过程中发现________个错误，错误内容如下。
大发现：

微课 2-8：项目 2 实现

2.4 知识拓展

2.4.1 浮点型数据的精度问题

当执行浮点数的算术运算时,Python 会根据浮点数的精度进行运算,并返回一个浮点数结果,但是浮点数相加可能会存在精度问题。这是因为浮点数在计算机中以二进制形式存储,并且无法完全准确地表示一些十进制数。例如,使用浮点数相加来计算 0.1+0.2 时,可能得到一个接近 0.3 但不完全等于 0.3 的结果。

为了解决这个问题,可以使用 decimal 模块来执行高精度的浮点数计算。Python 的 decimal 模块提供了更精确的十进制计算,可以在进行算术运算时更精确地控制数字的位数。适用于需要高精度的金融和货币计算。下面是一个使用 decimal 模块的代码示例。

例 2-21 编写程序,将变量转换为 Decimal 对象进行算术运算,并输出计算结果。

```
from decimal import Decimal                # 导入 decimal 模块的 Decimal 类
# 将字符串对象转换为 Decimal 对象
num1 = Decimal('0.1')
num2 = Decimal('0.2')
num = num1 + num2
print("The sum is:", num)                  # 输出:0.3
```

在上面的代码中,我们导入了 Decimal 类,并将浮点数作为字符串传递给 Decimal 类的构造函数。然后,我们使用加号运算符将两个 Decimal 对象相加,并输出结果。

注意:传入 Decimal()方法中的参数应当为浮点数类型的字符串,比如 1.02,否则仍然会出现精度的问题。

2.4.2 运算符优先级

Python 所有运算符从最高到最低的优先级如表 2-12 所示。

表 2-12 运算符优先级

<table>
<tr><th>序号</th><th>运算符</th><th>说明</th></tr>
<tr><td>1</td><td>**</td><td>幂(最高优先级)</td></tr>
<tr><td>2</td><td>~、+、-</td><td>位取反、正号和负号</td></tr>
<tr><td>3</td><td>*、/、%、//</td><td>算术运算符:乘、除、取余和取整除</td></tr>
<tr><td>4</td><td>+、-</td><td>算术运算符:加、减</td></tr>
<tr><td>5</td><td>>>、<<</td><td>位运算符:右移位、左移位</td></tr>
<tr><td>6</td><td>&</td><td>位运算符:位与</td></tr>
<tr><td>7</td><td>|、^</td><td>位运算符:位或、位异或</td></tr>
<tr><td>8</td><td><=、<>、>=</td><td>比较运算符</td></tr>
<tr><td>9</td><td>==、!=</td><td>等于、不等于</td></tr>
</table>

续表

序号	运　算　符	说　　明
10	=、+=、-=、*=、**=、/=、//=、%=	赋值运算符
11	is、is not	身份运算符
12	in、not in	成员运算符
13	not、or、and	逻辑运算符

第1级：**。

第2级：*、/、%、//。

第3级：+、-。

同级运算符从左至右计算，可以使用“()”调整运算的优先级，加“()”的部分优先运算。

2.5　项目改进

简单计算器基本功能已经完成，现有的功能不能完全满足计算的需求。随着进一步地学习，后续可以对该计算器的功能进行全面的改进。例如：

(1) 允许用户选择进行的运算。

(2) 允许输入更多的数据。

(3) 增加更多的运算功能。

(4) 美化界面等。

2.6　优秀的Python程序员职业素养

Python程序员的职业素养不仅包括技术能力，还涵盖了一系列的非技术技能和职业行为。

(1) 技术能力。熟练掌握Python编程语言，包括语言基础、数据结构、算法等；能编写高质量代码；能管理、测试和优化项目。

(2) 问题解决能力。能够分析问题，设计有效的解决方案；调试技能，能够有效地定位并修复软件中的bug。

(3) 学习、适应能力。对新技术和工具保持好奇心和学习热情；能够快速学习新工具和语言；能够适应快速变化的技术环境；灵活应对项目中的变化和挑战。

(4) 沟通协作。良好的书面和口头沟通能力；团队合作精神，与团队成员可以有效沟通和协作；能够清晰地向非技术人员解释技术问题和概念。

(5) 法律和伦理。理解与编程相关的法律和伦理问题，如版权、知识产权、隐私保护等。遵守行业道德规范，如不抄袭代码，诚实地报告工作进展和结果。

(6) 安全意识。理解基本的网络安全和应用程序安全原则，能够在代码中实施安全措施，并能防止常见的安全威胁。

这些职业素养是 Python 程序员在职业生涯中不断进步和成功的关键。随着技术的发展和个人职业的成长,这些素养也会不断地更新和扩展。

练 一 练

1. 制作个人名片,内容包括姓名、所在学校、学号、专业、班级、特长等。

2. 已知长方形的长是 8 厘米,宽是 4 厘米,计算并显示长方形的面积。

3. 输入学生的学号、姓名,以及语文、数学、英语三科的成绩,显示该学生的学号、姓名、三科成绩、总分、平均分。

4. 衬衣单价为 53.5 元,运动鞋单价为 78 元,帽子单价为 28 元。请输入三件商品的购买数量,计算每一样商品的总价格以及支付的总价钱,制作购买清单。

5. 通过运算结果判断一个整数 n 是否为偶数。结果为 True,该整数是偶数;结果为 False,该整数是奇数。

测 一 测

扫码进行项目 2 在线测试。

项目3　健康数据分析

学习目标

知识目标：

1. 了解程序设计的基本结构。
2. 掌握 if、if...else 和 if...elif...else 语句的基本结构和用法。
3. 掌握 for 循环、while 循环语句的基本结构与用法。
4. 掌握循环中常用的 break、continue 和 pass 语句。

技能目标：

1. 能够熟练进行分支结构的程序设计。
2. 能够熟练进行循环结构的程序设计。

素质目标：

1. 培养学生分析问题的能力。
2. 培养学生编写程序解决问题的能力。
3. 严格遵纪守法，增强社会责任感。

3.1　项目情景

某运动俱乐部要为每个成员制订一套合理的运动健身计划，在此之前，教练建议每人进行一次 BMI(body mass index，身体质量指数测试)。了解成员 BMI 可以帮助教练设计出最适合成员当前体重和身体状况的训练方案。例如，如果一个人非常瘦弱，教练可能会推荐力量训练来增加肌肉量；而如果一个人超重，教练可能会推荐有氧运动来促进脂肪燃烧。现需要设计一个程序计算每个成员的 BMI，并给出分析结果。

BMI 指数即身体质量指数，是衡量人体肥胖程度的一个常用指标。项目经理列出需要完成的任务清单，如表 3-1 所示。

表 3-1　项目 3 任务清单

任务序号	任务名称	知识储备
T3-1	健康数据分析	• 程序基本结构 • 分支语句 • 循环语句 • 其他常用语句

3.2 相关知识

3.2.1 分支语句

Python 程序中有顺序结构、分支结构(选择结构)和循环结构三种。顺序结构是指按语句出现的先后顺序执行的最简单的程序结构。分支结构是按照给定条件有选择地执行程序中的语句,分为单分支、双分支和多分支三种形式。在 Python 语言中一般使用 if 语句(单分支)、if…else 语句(双分支)和 if…elif…else 语句(多分支)实现分支结构。

1. if 语句

if 语句用于执行特定的代码块,当给定条件为真时执行。其语句格式如下:

```
if 判断条件:
    代码块
后续语句
```

单分支语句执行中先判断条件是否成立,若条件为 True,执行代码块,否则跳过代码块,继续执行后续语句。其流程图如图 3-1 所示。

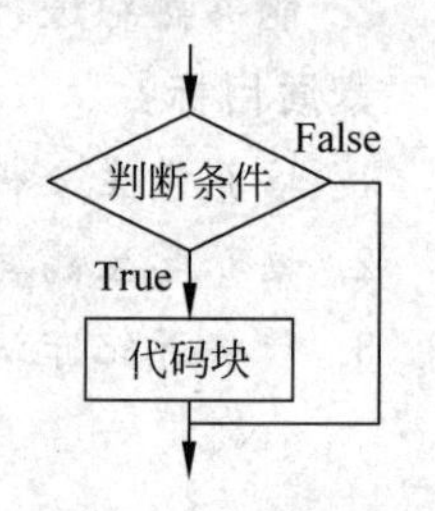

图 3-1 单分支语句流程图

注意:判断条件后需加冒号,代码块应以缩进方式表达。Python 中的冒号和缩进可以帮助程序员区分代码之间的层次,理解语句间的逻辑关系,增强了程序的可读性。

例 3-1 判断成绩是否合格。

```
# 获取用户成绩
score = int(input("编写程序判断成绩是否合格,请输入你的得分:"))
# 根据得分判断成绩是否合格
if score >= 60:
    print("成绩合格!")
```

执行结果如下:

```
编写程序判断成绩是否合格,请输入你的得分:88
成绩合格
```

微课 3-1:分支语句

2. if...else 语句

if...else 语句的语法格式如下：

```
if 判断条件:
    代码块 1
else:
    代码块 2
```

双分支语句执行中也是先判断条件是否成立，若判断条件为 True 时，执行代码块 1；反之，判断条件为 False 时，执行代码块 2。其流程图如图 3-2 所示。

例 3-2　判断是否成年。

```
# 获取用户年龄
age = int(input("请输入你的年龄:"))
# 根据年龄判断是否成年
if age >= 18:
    print("成年人")
else:
    print("未成年人")
```

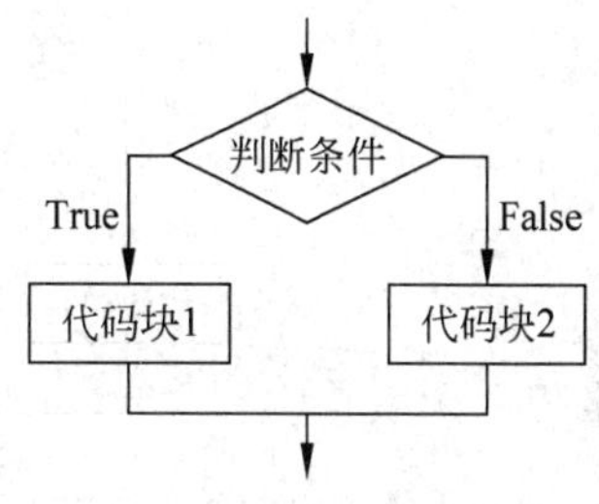

图 3-2　双分支语句流程图

执行结果 1：

```
请输入你的年龄:16
未成年人
```

执行结果 2：

```
请输入你的年龄:26
成年人
```

3. if...elif...else 语句

在 Python 中，if 和 elif 是用于控制程序流程的条件语句，它们允许根据条件的成立与否执行不同的代码块。

elif 是 else if 的缩写，用于在多个条件之间进行判断。若 if 语句中条件为 True，则执行代码块 1；若 if 语句中的条件为 False，便会执行 elif 语句；当所有条件都不满足时，执行 else 语句。

if...elif...else 语句的语法格式如下：

```
if 条件 1:
    代码块 1
elif 条件 2:
    代码块 2
    ...
elif 条件 n-1:
    代码块 n-1
else:
    代码块 n
```

注意:每个条件后有“:”,代码块 1、代码块 2 等都要对齐并向右边缩进。

多分支语句中,根据条件执行相应的代码块。即若条件 1 成立,执行代码块 1;若条件 1 不成立,条件 2 成立,执行代码块 2;以此类推,当所有条件都不成立,则执行 else 语句后的代码块 n。其流程图如图 3-3 所示。

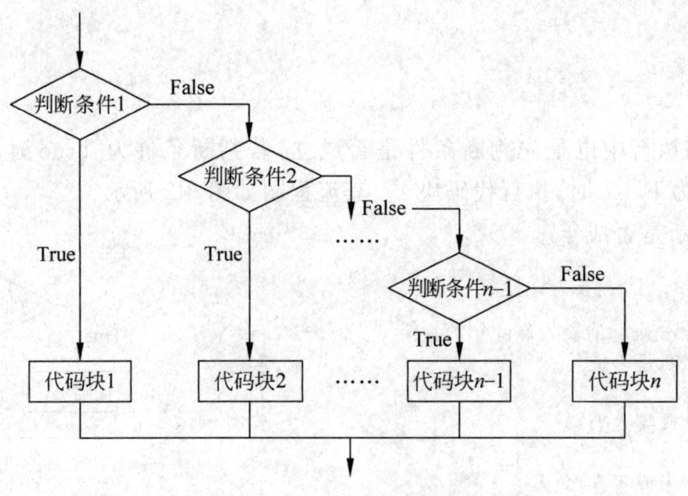

图 3-3　多分支语句流程图

例 3-3　遵守交通规则。

```
print("遵守交通规则,争做文明公民")
# 此处 1 表示红灯, 2 表示绿灯, 3 表示黄灯
a = int(input("请输入交通信号灯:"))
if a == 1:
    print("红灯停")
elif a == 2:
    print("绿灯行")
elif a == 3:
    print("遇到黄灯停一停")
else:
    print("输入错误,请重新输入!")
```

执行结果 1:

```
遵守交通规则,争做文明公民
请输入交通信号灯:1
红灯停
```

执行结果 2:

```
遵守交通规则,争做文明公民
请输入交通信号灯:2
绿灯行
```

执行结果 3：

```
遵守交通规则，争做文明公民
请输入交通信号灯：3
遇到黄灯停一停
```

职业素养提升

交通信号灯的红、黄、绿灯光的颜色变化是根据一定的时间周期和交通流量通过程序进行控制的。交通信号灯转换的具体时间间隔会根据不同的交通状况和时间段进行调整。遵守交通规则能有效避免交通事故的发生，保护自身和他人的生命安全，同时有助于维护社会公共秩序。遵守交通规则不仅是基本的社会公德，更是法律规定，是每一位公民的职责和义务。我们应提高交通安全意识，增强法治观念，身体力行，自觉遵守交通规则，为构建和谐社会作出贡献。

3.2.2　循环语句

1. while 循环

在 Python 编程中，while 语句用于循环执行程序，即在某条件下，循环执行某段程序，以处理需要重复处理的相同任务。while 循环执行流程如图 3-4 所示。

while 语句的语法格式如下：

```
while 表达式:
    循环体
```

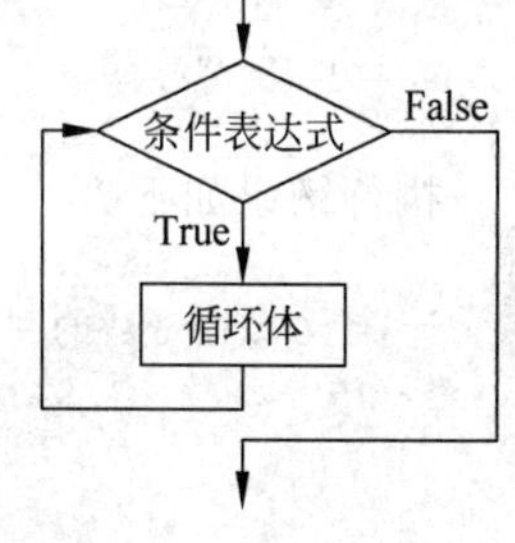

图 3-4　while 循环执行流程

在执行 while 循环中，首先判断条件是否满足。如果条件为 True 时，那么执行循环体代码，然后判断条件是否满足。如此循环下去，直至条件不满足时停止循环。

例 3-4　坚持锻炼，增强体质。

```
print("第一天跳绳 200 个，每天增加 50 个")
i = 1
s = 200
print("坚持锻炼一个月")
while i < 31:
    s = s + 50
    i = i + 1
print("第", i-1, "天时，跳绳", s, "个")
```

执行结果如下：

```
第一天跳绳 200 个，每天增加 50 个
坚持锻炼一个月
第 30 天时，跳绳 1700 个
```

职业素养提升

“健康中国”是中国政府提出的一个全国性的健康促进计划，旨在改善国民的健康状况和提升医疗卫生服务水平。这一计划与中国政府的“中国梦”理念相契合，强调预防为主，倡导健康生活方式，减少疾病发生，并通过优化医疗资源配置及推进医疗服务均等化等措施，提高全民健康水平。

作为一名程序设计人员，更要注意强身健体。选择适合的运动方式，制订合理的锻炼计划，持之以恒，坚持锻炼可以提高身体素质，增强免疫力，预防疾病，同时有助于保持良好的心理状态，减少压力，提高工作效率。良好的体质不仅对个人有益，也是为了更好地服务于社会和国家。通过保持健康的生活方式，我们可以更有效地发挥自己的潜力，为实现个人的梦想和国家的繁荣富强作出积极的贡献。

while语句中可以使用if语句根据需要执行不同的代码块，两者组合使用，可以实现更复杂的程序逻辑。

例 3-5 计算10以内奇数的和。

```
print("计算10以内奇数的和")
s = 0
i = 1
while i < 11:
    if i % 2 == 1:
        s = s+i
    i = i+1
print("s=", s)
```

执行结果如下：

```
计算10以内奇数的和
s= 25
```

微课 3-2：循环语句

2. for 循环

在Python中，for循环可以遍历任何序列，比如字符串或者后期要学的列表、元组等。其语句格式如下：

```
for 变量 in 序列 :
    循环语句
```

例 3-6 竖式输出“我爱你，中国”。

```
s = "我爱你，中国"
for i in s:
    print(i)
```

执行结果如下：

```
我
爱
你
,
中
国
```

for 循环也常常和 range()函数搭配使用，range()可以创建一个整数序列。其语法格式如下：

```
range(start,stop,step)
```

参数说明如下：

(1) start 是序列的起始值，默认从 0 开始。如 range(3)等同于 range(0,3)。

(2) stop 是序列的结束值，但不包括 stop。如 range(3)指[0,1,2)。

(3) step 是步长，默认为 1。如 range(3)等同于 range(0,3,1)。

例 3-7　打印星号三角。

```
print("打印星号三角")
for i in range(1, 6):
    print("*" *i)
```

执行结果如下：

```
打印星号三角
*
**
***
****
*****
```

3.2.3　其他常用语句

在 while 循环中，当条件表达式为 True 时，程序会执行循环，所以使用 while 循环时，一定要确保循环条件最终会变为 False，否则条件永远成立，便会形成无限循环，即死循环。为避免这种情况的发生，可以用 break 语句或 continue 语句跳出循环。

1. break 语句

使用 break 语句会立即终止循环，不再执行循环体中剩余代码。

例 3-8　验证用户输入的数字是否在指定范围内：在用户输入验证中，当用户输入不符合要求时，可以使用 break 语句跳出循环，避免无限循环。

```
while True:
    user_input = input("请输入一个 1 ~ 100 的数字：")
    if user_input.isdigit():
```

```
        number = int(user_input)
        if 1 <= number <= 100:
            print("输入正确!")
            break
        else:
            print("输入错误,请输入 1 ~ 100 的数字。")
    else:
        print("输入错误,请输入数字。")
```

以上程序的执行效果如图 3-5 所示。

```
请输入一个1 ~ 100 的数字: p
输入错误，请输入数字。
请输入一个1 ~ 100 的数字: 111
输入错误，请输入 1 ~ 100 的数字。
请输入一个1 ~ 100 的数字: 90
输入正确!

Process finished with exit code 0
```

图 3-5　应用 break 语句的效果

2．continue 语句

使用 continue 语句会跳出本次循环,继续执行下一次循环。如遇循环嵌套时,两者都是跳出最内层循环。

例 3-9　输出 10 以内的奇数。

```
print("输出 10 以内的奇数")
i = 1
for i in range(1, 11):
    if i % 2 == 0:
        continue
    else:
        print(i)
```

执行结果如下：

```
1
3
5
7
9
```

例 3-10　跳出当前循环,继续下一次循环。

```
print("欢迎光临**景区 预约门票")
while True:
    age = int(input("请输入你的年龄:"))
    # 根据年龄判断景区票价
    if age >= 60 or age < 6:
      print("60 岁以上老年人及 6 岁以下未成年人免门票,可以凭身份证直接入园!")
      continue
    elif 18 > age >= 6 :
      print("6 至 18 岁未成年人,景区半价:57 元/人")
      break
    else:
      print("景区票价:115 元/人")
      break
print("请确认付款金额,扫码购票!")
```

例 3-10 的执行结果如图 3-6 所示。

```
欢迎光临**景区 预约门票
请输入你的年龄：65
60岁以上老年人及6岁以下未成年人免门票，可以凭身份证直接入园！
请输入你的年龄：19
景区票价：115元/人
请确认付款金额，扫码购票！
```

图 3-6 应用 continue 语句的效果

3. pass 语句

Python 中的 pass 语句是一个占位语句，不做任何事，其作用在于保存程序结构的完整性。比如 while 语句中，pass 语句可以作为空的执行体，无限次循环，无任何实际操作，具体写法如下：

```
while True:
    pass
```

以上语句进入死循环，所有只限举例，现实中不建议使用这样。

微课 3-3：其他常用语句

3.3 项目实现

该项目包含一个任务，任务序号是 T3-1，任务名称是健康数据分析。

3.3.1 分析与设计

1. 需求分析

BMI 指数的计算公式为：体重(千克)/身高(米)的平方。例如，一个体重为 70 千克，身高为 1.75 米的人，其 BMI 值为 $70/(1.75\times1.75) = 22.86$。

根据世界卫生组织的标准，BMI 指数的分类如下。

偏瘦：$BMI < 18.5$。

正常：$18.5 \leqslant BMI < 24$。

超重：$24 \leqslant BMI < 28$。

肥胖：$BMI \geqslant 28$。

需要注意的是，BMI 指数并不能完全准确地反映一个人的身体脂肪含量和分布情况，因为肌肉发达的人可能会被误判为超重或肥胖。此外，对于不同种族、年龄和性别的人群，BMI 指数的标准也可能有所不同。因此，在评估个人健康状况时，还需要结合其他因素进行综合判断。

(1) 用户输入。输入体重并保存到 w 中，输入身高保存到 h 中，再将输入的数据转换成数字型。

(2) 系统处理。根据公式计算 BMI 值，使用多分支语句并根据 BMI 值所在的范围进行判断，并输出分析结果。

(3) 系统循环。使用 while 循环并根据用户的输入需求，确定是否继续进行 BMI 分析。

系统测试数据如下：

```
55,1.63
60,1.50
70,1.90
55,1.83
```

2. 流程设计

该项目流程图如图 3-7 所示。

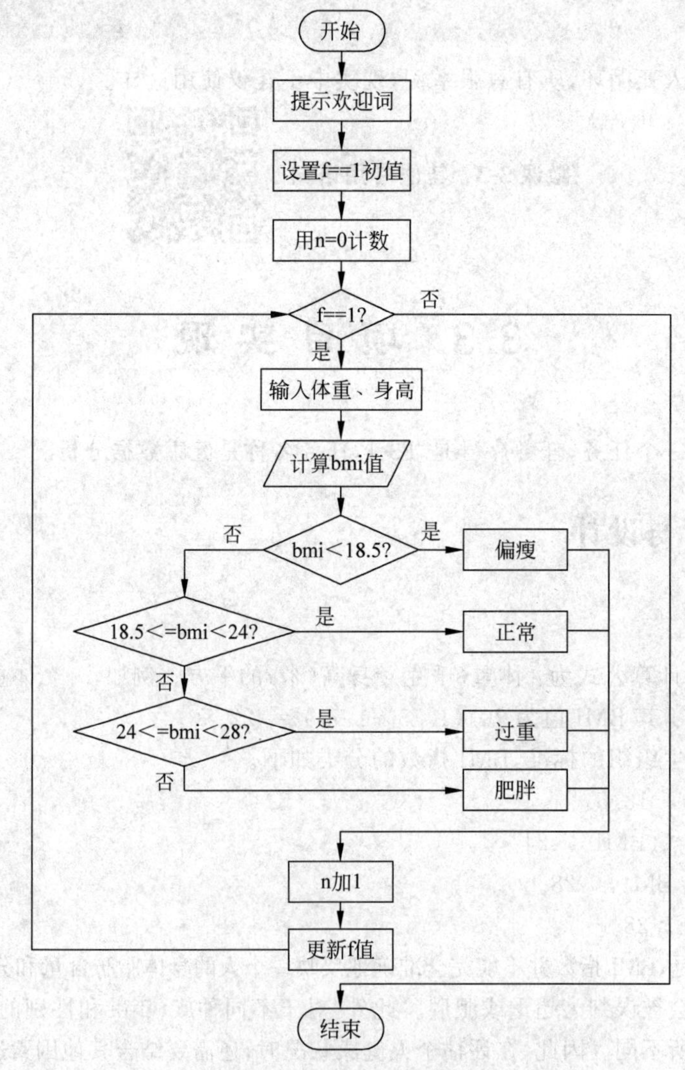

图 3-7 项目 3 流程图

3.3.2　代码编写

参考代码如下：

```
print("*********欢迎使用 BMI 分析系统**********")
f = 1
n = 0
while f ==1:
    w = int(input("请输入体重(kg):"))
    h = float(input("请输入身高(m):"))
    bmi = w/h **2
    print("w:",w,"h:",h," bmi:",bmi)
    if bmi<18.5:
        print("偏瘦")
    elif 18.5 <= bmi < 24:
        print("正常")
    elif 24 <= bmi <28:
        print("过重")
    else:
        print("肥胖")
    n = n+1
    f = int(input("是否继续? (1/0)"))
print("****分析结束,共分析",n,"个人,谢谢使用!****")
```

3.3.3　运行并测试

(1) 单击 Run 按钮运行程序，如有错误，首先调试、修改错误，如图 3-8 所示。

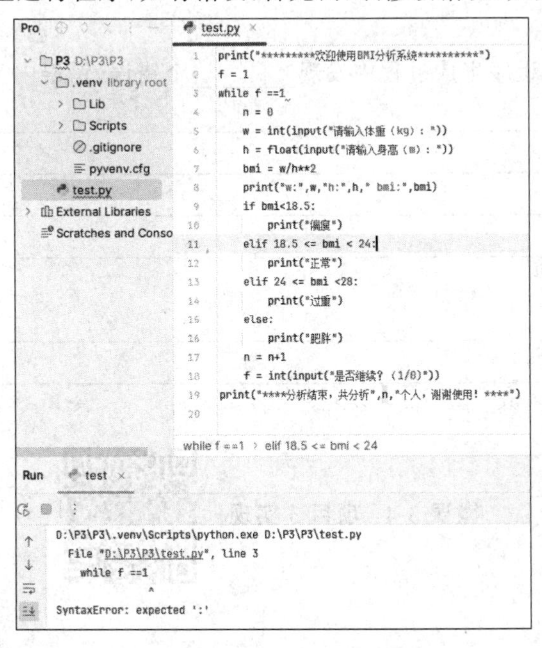

图 3-8　项目调试

错误内容：while f ＝＝1。

错误提示：SyntaxError：expected '：'。

错误分析：while 语句中条件表达式后面没有加“：”。

正确内容：while f ＝＝1：。

(2) 修改错误，再次运行，如图 3-9 所示。

```
D:\P3\P3\.venv\Scripts\python.exe D:\P3\P3\test.py
*********欢迎使用BMI分析系统**********
请输入体重（kg）：55
请输入身高（m）：1.63
w: 55 h: 1.63  bmi: 20.70081674131507
正常
是否继续？（1/0）1
请输入体重（kg）：60
请输入身高（m）：1.50
w: 60 h: 1.5  bmi: 26.666666666666668
过重
是否继续？（1/0）1
请输入体重（kg）：70
请输入身高（m）：1.90
w: 70 h: 1.9  bmi: 19.390581717451525
正常
是否继续？（1/0）1
请输入体重（kg）：55
请输入身高（m）：1.83
w: 55 h: 1.83  bmi: 16.423303174176592
偏瘦
是否继续？（1/0）
```

图 3-9　项目运行

小记录：

你在程序生成过程中发现________个错误，错误内容如下。

____

____

____

____

大发现：

____

____

微课 3-4：项目 3 实现

3.4　知识拓展

3.4.1　if 嵌套

在 Python 中，if、if...else 和 if...elif...else 之间也可以相互嵌套。因此，在开发程序时，需要根据场景需要选择合适的嵌套方案。需要注意的是，在相互嵌套时，一定要严格遵守不同级别代码块的缩进规范。实例如下。

例 3-11　成绩等级划分。

```
print("if 嵌套—成绩等级划分")
s = int(input("请输入你的得分:"))
if s >= 60:
    print("恭喜顺利通过考试!")
    if s >= 90:
        print("成绩:优异,")
    elif s >= 80:
        print("成绩:良好")
    else:
        print("成绩:合格")
else:
    print("成绩:较差,未通过考试")
```

执行结果 1：

```
if 嵌套—成绩等级划分
请输入你的得分:98
恭喜顺利通过考试!
成绩:优异
```

执行结果 2：

```
if 嵌套—成绩等级划分
请输入你的得分:86
恭喜顺利通过考试!
成绩:良好
```

执行结果 3：

```
if 嵌套—成绩等级划分
请输入你的得分:73
恭喜顺利通过考试!
成绩:合格
```

执行结果 4：

```
if 嵌套—成绩等级划分
请输入你的得分:54
成绩:较差,未通过考试
```

微课 3-5：if 嵌套

3.4.2 循环嵌套

在 Python 中,可以在一个循环体中嵌入另一个循环。其语法格式如下：

```
for 变量 in 序列 :
    for 变量 in 序列:
      循环语句 1
   循环语句 2
```

当然也可以在 while 循环中嵌套 for 循环或在 for 循环中嵌套 while 循环。实例如下。

我国古代《算经》中有一道著名的“百钱买百鸡”的问题：鸡翁一,值钱五；鸡母一,值钱三；鸡雏三,值钱一；百钱买百鸡,则翁、母、雏各几何?

例 3-12 百钱买白鸡。

```
print("百钱买白鸡问题:")
cock = 0
hen = 0
chicken = 0
for cock in range(1, 101):
    for hen in range(1, 101):
        for chicken in range(1, 101):
            if cock *5+hen *3+chicken *1/3 == 100 and cock+hen+chicken == 100:
                print("公鸡=%2d,母鸡=%2d,小鸡=%2d" % (cock, hen, chicken))
```

执行结果如下：

```
百钱买白鸡问题:
公鸡= 4,母鸡=18,小鸡=78
公鸡= 8,母鸡=11,小鸡=81
公鸡=12,母鸡= 4,小鸡=84
```

职业素养提升

“百钱买白鸡”是中国传统文化中著名的数学问题之一,体现了古代中国数学家的智慧和对数学问题的解决方法。这类问题在中国古代数学文献中屡见不鲜,反映了当时社会对数学知识的重视和应用。

中国的传统文化博大精深，包含了哲学、文学、艺术、科技等多个领域的丰富成果。其中，古代的科学技术成就，如四大发明（指南针、火药、印刷术、造纸术），以及在天文、算学、医学等方面的贡献，都是中国文化自信的重要组成部分。

“百钱买白鸡”这样的问题不仅展示了中国古代数学的发展水平，也是启发后人思考和解决问题的案例。它告诉我们，即使看似简单的实际问题，也可以转化为数学问题进行逻辑推理和解答。这种思维方式在当今社会依然具有重要意义，无论是在科学研究、工程设计还是日常生活中，都需要这样的逻辑思维和解决问题的能力。

微课 3-6：循环嵌套

3.5　项目改进

健康数据分析项目已经基本完成，通过该项目可以简单实现 BMI 的计算与分析评价。该项目的优点是简单易行、应用广泛，可以很好地预测健康风险。其缺点是没有考虑体脂分布，不适用于所有人群。后续开发可以在以下几个方面改进项目。

（1）增加用户群体性别、年龄等身体状况指标的数据采集。

（2）增加评价身体健康的其他标准和指标。

（3）设置更加丰富的用户使用界面等。

3.6　与 Python 相关的证书

学习 Python 后，可以考取多种证书以提升自己的技能水平和职业竞争力。以下是一些适合高校学生考取的 Python 相关证书。

（1）全国计算机等级考试（NCRE）Python 语言程序设计。这是由教育部考试中心主办的全国性计算机水平考试，旨在考察考生在计算机科学和编程方面的基础知识和能力。

考试内容：包括 Python 基础语法、数据结构、算法、文件操作等。

含金量：作为国家级认证，具有较高的认可度，对求职和职业发展有一定的帮助。

（2）工信部 Python 技术与应用工程师证书。由工业和信息化部教育与考试中心提供，是针对 Python 技术开发专业的专项技术证书。

考试内容：涵盖 Python 技术开发的相关知识，包括 Python 基础、数据库操作、Web 开发、网络爬虫分析等。

含金量：具有法律效力，获得国家认可，对从事 Python 相关工作有较大的帮助。

（3）1＋X 大数据应用开发（Python）职业技能等级证书。由广东泰迪智能科技股份有限公司等机构颁发，专注于大数据人工智能应用型人才能力提升。

考试内容：根据业务需求和工作流程，使用 Python 及相关工具完成数据获取、处理、分析、可视化等工作。

含金量：分为初级、中级、高级三个等级，高级别涵盖低级别职业技能要求，对从事大数据相关工作有帮助。

在选择考取哪个证书时，应根据自己的兴趣、职业规划以及证书的含金量和适用性进行综合考虑。同时，也要注意证书的有效期和更新要求，确保自己的证书始终保持有效状态。

练　一　练

1. 求阶乘。即输入一个数字 n，输出 n 的阶乘。
2. 运用多分支语句实现两个数字的加减乘除运算。
3. 计算 1－2＋3－4＋…＋99 的和。
4. 求 100 以内所有的质数。
5. 输出九九乘法表，如图 3-10 所示。

```
1×1=1
1×2=2  2×2=4
1×3=3  2×3=6   3×3=9
1×4=4  2×4=8   3×4=12  4×4=16
1×5=5  2×5=10  3×5=15  4×5=20  5×5=25
1×6=6  2×6=12  3×6=18  4×6=24  5×6=30  6×6=36
1×7=7  2×7=14  3×7=21  4×7=28  5×7=35  6×7=42  7×7=49
1×8=8  2×8=16  3×8=24  4×8=32  5×8=40  6×8=48  7×8=56  8×8=64
1×9=9  2×9=18  3×9=27  4×9=36  5×9=45  6×9=54  7×9=63  8×9=72  9×9=81
```

图 3-10　九九乘法表效果图

测　一　测

扫码进行项目 3 在线测试。

项目 4　词语踪迹寻觅

学习目标

知识目标：

1. 了解字符串操作符的使用。
2. 熟练掌握字符串的输入与输出，以及字符串的索引与切片。
3. 掌握字符串的常用函数。

技能目标：

1. 能够熟练使用字符串的输入与输出，以及字符串的索引与切片。
2. 能够熟练使用字符串的操作符和常用函数，对字符串进行运算。

素质目标：

1. 培养严谨、认真的软件开发职业素养。
2. 培养项目团队合作和良好的沟通能力。
3. 培养程序设计安全意识，增强社会责任感。

4.1　项目情景

某高职院校软件技术专业学生在大学语文课堂上讨论《三国演义》片段，其中在草船借箭这个故事情节中，“诸葛亮”的名字出现了很多次。小王同学说出现了 10 次，小李说出现了 15 次，小张说我们可以编写程序来实现统计某段文字中某个词出现的次数以及出现的位置，该程序命名为“词语踪迹寻觅”。

根据给定的《三国演义》草船借箭片段，编写程序输出“诸葛亮”这个词出现的次数和出现的位置。基于对该项目的需求分析，项目经理列出需要完成的任务清单，如表 4-1 所示。

表 4-1　项目 4 任务清单

任务序号	任务名称	知识储备
T4-1	词语踪迹寻觅	• 字符串简介 • 字符串的输出与输入 • 字符串的索引 • 字符串的运算 • 字符串常用方法

4.2 相关知识

4.2.1 字符串简介

计算机程序经常用于处理文本信息,文本信息在程序中使用字符串类型来表示。字符串是字符的序列,在Python中字符串是一串由引号界定的字符,这些引号可以是单引号('')、双引号("")、三单引号('''')或三双引号(""")。

1. 字符串创建

只要为变量分配一个用字符串界定符括起来的字符序列,即可创建一个字符串。例如:

```
str1 = 'Hello'
str2 = "World"
```

三双引号或者三单引号允许一个字符串跨多行。字符串中可以包含换行符、制表符以及其他转义字符。

例4-1 编写程序,创建字符串并输出。

```
# 创建一个单行字符串
single_line_string = 'Hello, World!'
print(single_line_string)
# 使用双引号创建字符串
double_quote_string = "Hello, World!"
print(double_quote_string)
# 创建一个多行字符串
multi_line_string = '''Hello,
World!'''
print(multi_line_string)
# 使用转义字符创建字符串
escaped_string = 'Hello, \nWorld!'
print(escaped_string)
```

执行结果如下:

```
Hello, World!
Hello, World!
Hello,
World!
Hello,
World!
```

2. 转义字符

如果在字符串中包含“''”,字符串的外面要用“""”括起来;如果在字符串中包含“""”,

字符串的外面要用“''”括起来。例如：

```
str1 = "I like learning 'python'"
print(str1)              # 输出为:I like learning 'python'
str2 = '这是"字符串"'
print(str2)              # 输出为:这是"字符串"
```

如果在字符串中既包含“'”又包含“"”，例如'he said "I'm twelve."'，可以在“'”和“"”前面各插入一个转义字符“\”。转义字符不计入字符串的内容。

```
str2 = 'he said \"I\'m twelve."'
print(str2)  # 输出为:he said "I'm twelve."
```

在字符串中用特殊字符时，Python 会用反斜杠“\”来转义特殊字符，如表 4-2 所示。

表 4-2　转义字符

转义字符	含　义
\在行尾时	续行符
\\	打印反斜杠
\'	打印单引号
\"	打印双引号
\b	退格(看不到效果，都是一个问号)
\e	打印 \e
\000	空
\n	换行
\v	纵向制表符
\t	横向制表符
\r	回车
\f	换页
\oyy	八进制数 yy 代表的字符，例如：\o12 代表换行
\xyy	十六进制数 yy 代表的字符，例如：\x0a 代表换行
\other	其他的字符以普通格式输出
字符串头加 r	表示原始字符串，将字符串内容全部转义

例 4-2　给定一个字符串"Hello World"，用“\n”换行显示；将字符串"Hello\nWorld"原样输出。

```
str3 = "Hello \nWorld"
print(str3)
str4 = r"Hello \nWorld"
print(str4)
```

执行结果如下：

```
Hello
World
Hello \nWorld
```

微课 4-1：字符串简介

4.2.2 字符串的输出与输入

1. 字符串的输出

Python 中的输出使用 print()函数来实现。在处理字符串时，有时候需要对字符串进行格式化输出，以便更好地呈现出来或者保存在文件中。

字符串的格式化处理主要是用来将变量(对象)的值填充到字符串中。在字符串中解析 Python 表达式，对字符串进行格式化显示(左对齐、右对齐、居中对齐，保留数字有效位数)。常用的字符串格式化的方式包括%号、format、f-Strings、标准库模板四种。

(1) 用%ws 输出一个字符串。该方法在项目 2 中已经简单介绍，此处可以再强化实践一下。

例 4-3 用%s 或%ws 输出字符串。

```
str1 = "python"
print('{%s}' % str1)                    # 字符串输出
print("{%8s}" % str1)                   # 右对齐
print("{%-8s}" % str1)                  # 左对齐
print('{%.2s}' % str1)                  # 取 2 位
```

执行结果如下：

```
{python}
{  python}
{python  }
{py}
```

(2) format 格式化。相对基本格式化输出采用"%"的方法，format()功能更强大，该函数把字符串当成一个模板，通过传入的参数进行格式化，并且使用大括号"{}"作为特殊字符代替"%"，在开发过程中推荐使用此方式进行字符串格式化。

① 可以使用基本变量替换，用索引引用变量并用关键字参数。

例 4-4 用基本变量替换并用索引引用变量，再用关键字参数(format)格式化输出。

```
name = "王立"
age = 20
print("我叫{}, 今年{}岁".format(name, age))          # 基本变量替换
print("我叫{0}, 今年{1}岁".format(name, age))        # 使用索引来引用变量
# 使用关键字参数
print("我叫{name}, 今年{age}岁".format(name=name, age=age))
```

执行结果如下：

```
我叫王立，今年 20 岁
我叫王立，今年 20 岁
我叫王立，今年 20 岁
```

② 格式转换。

'b'：二进制。将数字以 2 为基数进行输出。

'c'：字符。在打印之前将整数转换成对应的 Unicode 字符串。

'd'：十进制整数。将数字以 10 为基数进行输出。

'o'：八进制。将数字以 8 为基数进行输出。

'x'：十六进制。将数字以 16 为基数进行输出，9 以上的位数用小写字母。

'e'：幂符号。用科学记数法打印数字，用'e'表示幂。

'g'：一般格式。将数值以 fixed-point 格式输出。当数值特别大的时候，用幂形式打印。

'n'：数字。当值为整数时与'd'相同，值为浮点数时与'g'相同。不同的是它会根据区域设置插入数字分隔符。

'%'：百分数。将数值乘以 100 后再以 fixed-point('f')格式打印，值后面会有一个百分号。

例 4-5　用 format 格式转换输出。

```
print('{0: b}'.format(3))          # 格式转换为二进制
print('{: d}'.format(20))          # 格式转换为十进制
print('{: o}'.format(20))          # 格式转换为八进制
print('{: x}'.format(20))          # 格式转换为十六进制
```

执行结果如下：

```
11
20
24
14
```

③ 左中右对齐及位数补全。<用于左对齐(默认)，>用于右对齐，^用于中间对齐，=用于在小数点后进行补齐操作（只用于数字）。

例 4-6　用左、中、右对齐及位数补全 format 格式化输出字符串。

```
print('{} and {}'.format('hello', 'world'))             # 默认左对齐
print('{:10s} and {:>10s}'.format('hello', 'world'))    # 取 10 位左对齐,取 10 位右对齐
print('{} is {:.2f}'.format(1.123, 1.123))              # 取 2 位小数
print('{0} is {0: >10.2f}'.format(1.123))               # 取 2 位小数,右对齐,取 10 位
```

执行结果如下：

```
hello and world
hello      and      world
1.123 is 1.12
1.123 is       1.12
```

(3) f-strings 格式化。f-strings 是 Python 3.6 开始加入标准库的格式化输出的新写法,这个格式化输出比之前的%s 或者 format 效率高并且更加简化、更加好用。

它的结构是用 F(f)+ str 的形式,在字符串中想替换的位置用{}。应用方法与 format 类似,但是用在字符串后面写入替换的内容,可以直接识别。

例 4-7 用 F 格式化输出字符串。

```
name = '小李'
age = 20
sex = '女'
msg = F'姓名:{name},性别:{age},年龄:{sex}'  # F 或 f 都可以
print(msg)
```

执行结果如下:

```
姓名:小张,性别:20,年龄:女
```

例 4-8 用 f'{}'、f"{}"、f"""{}"""将小明的姓名和年龄格式化输出。

```
name = "小明"
age = 20
print(f'My name is {name} and I am {age} years old.')
print(f"My name is {name} and I am {age} years old.")
print(f'''My name is {name} and I am {age} years old.''')
```

执行结果如下:

```
My name is 小明 and I am 20 years old.
My name is 小明 and I am 20 years old.
My name is 小明 and I am 20 years old.
```

2. 字符串的输入

相关方法在 2.2.1 小节中已经介绍,此处可以再强化实践一下,以便从整体上更加清晰地掌握该内容。

例 4-9 从键盘输入一个字符串并输出。

```
# 使用 input()函数获取用户输入的字符串
input_str = input("请输入一个字符串:")
# 打印用户输入的字符串
print("您输入的字符串是:", input_str)
```

执行结果如下:

```
请输入一个字符串:I like learning python
您输入的字符串是: I like learning python
```

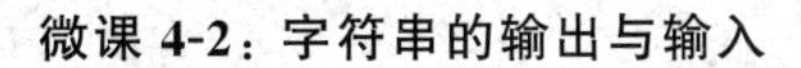
微课 4-2：字符串的输出与输入

4.2.3　字符串的索引

在 Python 中，可以使用索引来访问字符串中的单个字符或子字符串。通过指定位置的数字作为参数来获取特定位置上的字符。索引是一个整数，从 0 开始计算，表示第一个字符。如果要获取最后一个字符，则需要使用－1 作为索引值。

索引的使用方法如下：

```
字符串变量[索引]
```

例 4-10　输出下列字符串中的字符'H'和'd'。

```
str1 = "Hello World"
print(str1[0])                    # 输出 'H'
print(str1[-1])                   # 输出 'd'
```

例 4-11　输出下列字符串中的第一个和最后一个字符。

```
str1 = "我们在学习 Python"
print(str1[0])                    # 输出 '我'
print(str1[-1])                   # 输出 'n'
```

4.2.4　字符串的运算

在 Python 中，可以对字符串进行多种运算。常用字符串操作符如表 4-3 所示。

表 4-3　常用字符串操作符

操　作　符	描　　述
＋	连接字符串
*	重复输出字符串
in	成员运算符，如果字符串中包含给定的字符串，则返回 True
not in	成员运算符，如果字符串中不包含给定的字符串，则返回 True

例 4-12　使用"＋"操作符将两个字符串连接起来并输出。

```
str1 = "Hello,"
str2 = " world!"
result = str1 + str2
print(result)
```

执行结果如下：

```
Hello, world!
```

例 4-13 重要的事情说三遍,使用“ * ”操作符重复输出“请注意安全!”。

```
str1 = "请注意安全!\n"
times = 3
result = str1 *times
print(result)
```

执行结果如下：

```
请注意安全!
请注意安全!
请注意安全!
```

in 运算符是 Python 中的一种成员运算符,用来检查一个元素是否在另一个序列中。该运算符接受两个参数,第一个参数是待查找的元素,第二个参数是序列。

例 4-14 进行文本搜索,使用 in 操作符来检查一个字符串是否包含关键词。

```
text = "Python 是一种广泛使用的高级编程语言。"
keyword = "Python"
if keyword in text:
    print("找到了关键词:", keyword)
else:
    print("没有找到关键词。")
```

执行结果如下：

```
找到了关键词:Python
```

not in 运算符与 in 相反,用于检查一个元素是否不在另一个序列中。

例 4-15 使用 not in 操作符来检查用户输入的字符串是否包含非法字符。

```
invalid_chars = "!@#$ %^& *()"
while True:
    user_input = input("请输入用户名:")
    if all(char not in invalid_chars for char in user_input):
        print("用户名合法!")
        break
    else:
        print("用户名包含非法字符,请重新输入!")
```

执行结果如下：

```
请输入用户名:zhangsan&lisi
用户名包含非法字符,请重新输入!
请输入用户名:zhangsan
用户名合法!
```

微课 4-3：字符串的运算

4.2.5　字符串的常用方法

字符串的操作是 Python 中常用的操作，在 Python 中处理字符串，是使用面向对象的方法进行处理，把字符串看作一个对象，使用字符串对象的方法进行各种操作。

1. count(substring，start，end)方法

count(substring，start，end)方法用于计算字符串中子字符串的出现次数。

方法参数：substring 为要搜索的子字符串；start 和 end 指定要搜索的字符串范围，默认为整个字符串。

方法返回值：返回子字符串的出现次数。

例 4-16　计算字符串中子字符串的出现次数。

```
str1 = "abracadabra"
count = str1.count("a")
print(count)
count = str1.count("a", 3, -3)
print(count)
```

执行结果如下：

```
5
3
```

2. find(substring，start，end)方法

find(substring，start，end)方法用于查找字符串中子字符串的第一个匹配项的索引。

方法参数：substring 为要搜索的子字符串；start 和 end 指定要搜索的字符串范围，默认为整个字符串。

方法返回值：如果找到子字符串，则返回第一个匹配项的索引，否则返回－1。

例 4-17　用 find()方法查找字符串中 go 和 god 的位置。

```
str1 = "I am a good student."
print(str1.find("go"))
print(str1.find("god"))
```

执行结果如下：

```
7
-1
```

3. index(substring, start, end)方法

index(substring, start, end)方法用于查找字符串中子字符串的第一个匹配项的索引。

方法参数: substring 为要搜索的子字符串; start 和 end 指定要搜索的字符串范围,默认为整个字符串。

方法返回值: 如果找到子字符串,则返回第一个匹配项的索引,否则引发 ValueError 异常。

例 4-18 用 index()方法查找字符串中 go 和 god 的位置。

```
str1 = "I am a good student."
print(str1.index("go"))
print(str1.index("god"))
```

执行结果如下:

```
7
Traceback (most recent call last):
  File "D:/Users/lijuan/PycharmProjects/123/Mystring.py", line 66, in <module>
    print(str.index("god"))
ValueError: substring not found
```

注意: 与 find()方法类似,index()方法也用于检索是否包含指定的字符串。使用 index 方法时,当指定的字符串不存在时会抛出异常。

4. replace(old, new, count)方法

replace(old, new, count)方法用于将字符串中的旧子字符串替换为新的子字符串。

方法参数: old 为要替换的旧子字符串; new 为新的子字符串; count 指定替换的次数。默认为全部替换。

方法返回值: 返回替换后的新字符串。

例 4-19 使用 replace()方法替换文本中的敏感词汇。

```
text = "这个电影太垃圾了,剧情无聊,演员演技差。"
sensitive_words = "'垃圾', '无聊', '差'"
for word in sensitive_words:
    text = text.replace(word, "***")
print(text)
```

执行结果如下:

```
这个电影太******了,剧情******,演员演技***。
```

5. lower()方法

lower()方法用于将字符串转换为小写。

方法参数：无。

方法返回值：返回转换为小写后的新字符串。

例 4-20　将字符串转换小写。

```
str1 = "Hello World"
new_str = str1.lower()
print(new_str)
```

执行结果如下：

```
hello world
```

6. upper()方法

upper()方法用于将字符串转换为大写。

方法参数：无。

方法返回值：返回转换为大写后的新字符串。

例 4-21　将字符串转换大写。

```
str1 = "Hello World"
new_str = str1.upper()
print(new_str)
```

执行结果如下：

```
HELLO WORLD
```

7. len(s)方法

len(s)方法用户获取字符串、列表、字典、元组等长度。

方法参数：s 是要计算长度的对象。

方法返回值：返回字符串、列表、字典、元组等长度。

例 4-22　计算字符串的长度。

```
str1 = "Hello World"
n = len(str1)
print(n)
```

执行结果如下：

```
11
```

微课 4-4：字符串的常用方法

4.3 项目实现

该项目包含一个任务,任务序号是T4-1,任务名称是词语踪迹寻觅,编写程序输出“诸葛亮”这个词出现的次数和出现的位置。

4.3.1 分析与设计

1. 需求分析

根据给定的《三国演义》片段草船借箭,编写程序输出“诸葛亮”这个词出现的次数和出现的位置。

(1) 字符串输入。使用input()方法输入待统计的字符串内容strInput。

(2) 字符串处理。设定被查找的字符串strSearch,通过count()方法统计被查找的字符串strSearch出现的次数count,最后通过find()方法输出被查找字符串出现的位置pos。

(3) 结果输出。次数count和位置pos。

2. 流程设计

该项目流程图如图4-1所示。

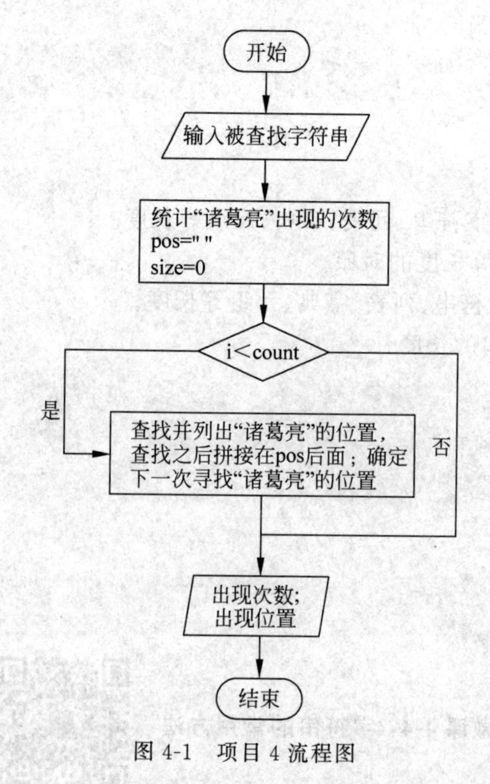

图4-1 项目4流程图

4.3.2　代码编写

该项目参考源代码如下：

```
strInput = input("请输入文本:")
strSearch = input("请输入查找的内容:")
count = strInput.count(strSearch)  # 通过 count()方法统计 strSearch 出现的次数
pos = ""                           # 定义一个空字符串,用于拼接 strSearch 出现的位置
size = 0                           # 定义 size=0,表示要从 0 开始查找 strSearch 的位置
for i in range(count):             # 按 strSearch 出现的次数去找位置
    # 从 0 开始查找 strSearch 的位置
    size = strInput.find(strSearch, size)  # 列出查找字符串出现的位置
    # 查到之后转为字符串并拼接在 pos 后面
    pos += str(size)+" "
    # 确定下一次寻找 strSearch 的位置
    size += len(strSearch)
print(strSearch+"出现次数:", count)
print(strSearch + "出现位置:", pos)
```

4.3.3　运行并测试

请输入以下文本：周瑜十分妒忌诸葛亮的才干。一天周瑜在商议军事时提出让诸葛亮赶制 10 万支箭。诸葛亮答应三天造好，立下了军令状。诸葛亮事后请鲁肃帮他借船、士兵和草把子。第三天，诸葛亮请鲁肃一起去取箭。这天，大雾漫天，对面看不清人。天还没亮，诸葛亮便下令开船，并让士兵擂鼓呐喊。曹操召弓弩手来向船射箭。于是船两边都插满了箭。诸葛亮下令回去，这时曹操想追也来不及了。就这样，10 万支箭“借”到了手。" "周瑜得知借箭的经过后长叹一声：我真不如他！

```
请输入查找的内容:诸葛亮。
```

（1）单击 Run 按钮运行项目，如有错误，先调试、修改错误，如图 4-2 所示。

错误内容：size＝strInput. found(strSearch, size)。

错误提示：AttributeError: 'str' object has no attribute 'found'. Did you mean: 'count'?［属性错误：在一个字符串对象上调用了一个名为 found 的属性，但字符串对象并没有这个属性。你可能想要使用的是 count()方法。］

正确内容：size＝strInput. find(strSearch,size)。

（2）修改错误，再次运行程序，如图 4-3 和图 4-4 所示。

根据程序提示，开启“词频统计”。

该项目主要为初学者学习字符串输入、字符串函数提供实战练习。

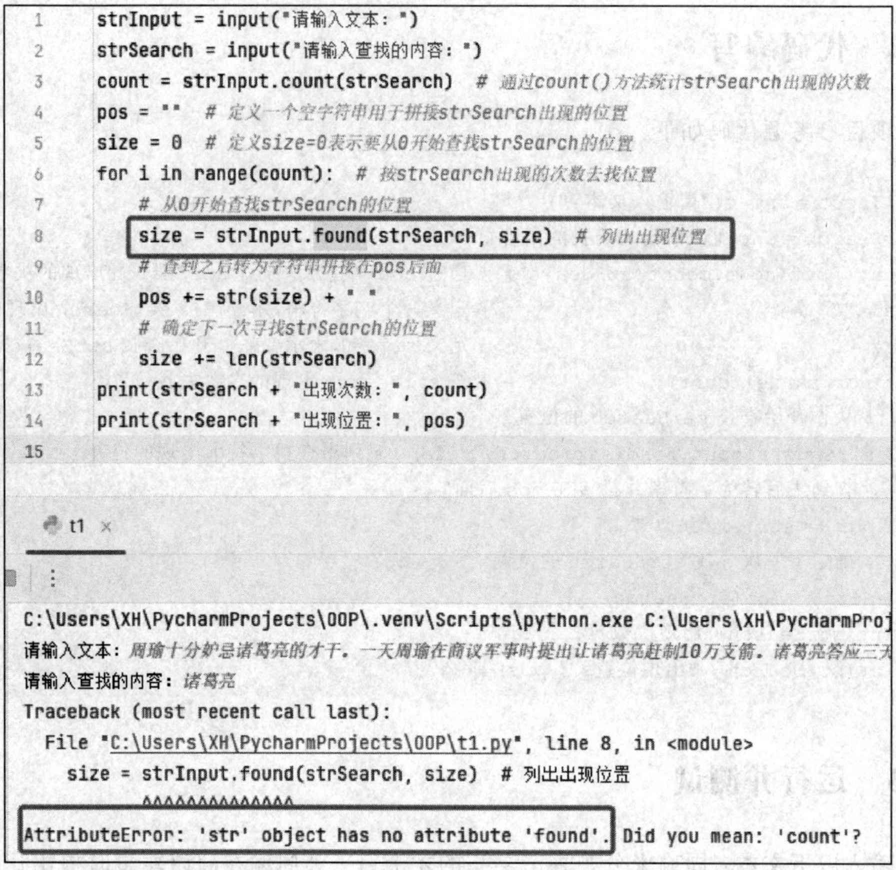

```
1    strInput = input("请输入文本：")
2    strSearch = input("请输入查找的内容：")
3    count = strInput.count(strSearch)  # 通过count()方法统计strSearch出现的次数
4    pos = ""  # 定义一个空字符串用于拼接strSearch出现的位置
5    size = 0  # 定义size=0表示要从0开始查找strSearch的位置
6    for i in range(count):  # 按strSearch出现的次数去找位置
7        # 从0开始查找strSearch的位置
8        size = strInput.found(strSearch, size)  # 列出出现位置
9        # 查到之后转为字符串拼接在pos后面
10       pos += str(size) + " "
11       # 确定下一次寻找strSearch的位置
12       size += len(strSearch)
13   print(strSearch + "出现次数：", count)
14   print(strSearch + "出现位置：", pos)
15

t1 ×

C:\Users\XH\PycharmProjects\OOP\.venv\Scripts\python.exe C:\Users\XH\PycharmProj
请输入文本：周瑜十分妒忌诸葛亮的才干。一天周瑜在商议军事时提出让诸葛亮赶制10万支箭。诸葛亮答应三天
请输入查找的内容：诸葛亮
Traceback (most recent call last):
  File "C:\Users\XH\PycharmProjects\OOP\t1.py", line 8, in <module>
    size = strInput.found(strSearch, size)  # 列出出现位置
           ^^^^^^^^^^^^^^
AttributeError: 'str' object has no attribute 'found'. Did you mean: 'count'?
```

图 4-2　项目调试

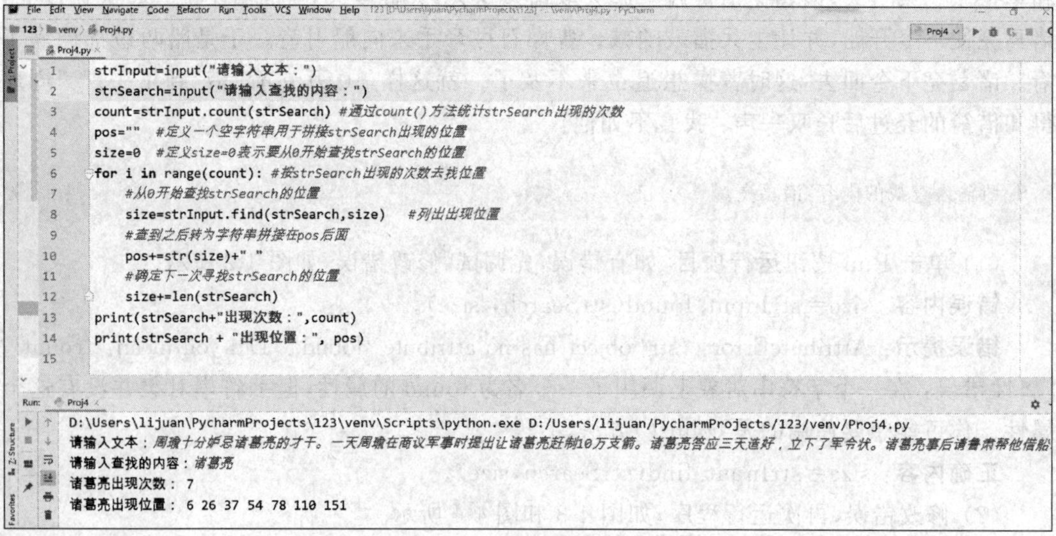

```
File Edit View Navigate Code Refactor Run Tools VCS Window Help
123 > venv > Proj4.py
Proj4.py ×
1    strInput=input("请输入文本：")
2    strSearch=input("请输入查找的内容：")
3    count=strInput.count(strSearch) #通过count()方法统计strSearch出现的次数
4    pos="" #定义一个空字符串用于拼接strSearch出现的位置
5    size=0 #定义size=0表示要从0开始查找strSearch的位置
6    for i in range(count): #按strSearch出现的次数去找位置
7        #从0开始查找strSearch的位置
8        size=strInput.find(strSearch,size)   #列出出现位置
9        #查到之后转为字符串拼接在pos后面
10       pos+=str(size)+" "
11       #确定下一次寻找strSearch的位置
12       size+=len(strSearch)
13   print(strSearch+"出现次数：",count)
14   print(strSearch + "出现位置：", pos)
15
Run: Proj4 ×
D:\Users\lijuan\PycharmProjects\123\venv\Scripts\python.exe D:/Users/lijuan/PycharmProjects/123/venv/Proj4.py
请输入文本：周瑜十分妒忌诸葛亮的才干。一天周瑜在商议军事时提出让诸葛亮赶制10万支箭。诸葛亮答应三天造好，立下了军令状。诸葛亮事后请鲁肃帮他借船
请输入查找的内容：诸葛亮
诸葛亮出现次数： 7
诸葛亮出现位置： 6 26 37 54 78 110 151
```

图 4-3　项目运行 1

```python
strInput=input("请输入文本：")
strSearch=input("请输入查找的内容：")
count=strInput.count(strSearch) #通过count()方法统计strSearch出现的次数
pos=""  #定义一个空字符串用于拼接strSearch出现的位置
size=0  #定义size=0表示要从0开始查找strSearch的位置
for i in range(count): #按strSearch出现的次数去找位置
    #从0开始查找strSearch的位置
    size=strInput.find(strSearch,size)   #列出出现位置
    #查到之后转为字符串拼接在pos后面
    pos+=str(size)+" "
    #确定下一次寻找strSearch的位置
    size+=len(strSearch)
print(strSearch+"出现次数：",count)
print(strSearch + "出现位置：", pos)
```

```
D:\Users\lijuan\PycharmProjects\123\venv\Scripts\python.exe D:/Users/lijuan/PycharmProjects/123/venv/Proj4.py
请输入文本：周瑜十分妒忌诸葛亮的才干。一天周瑜在商议军事时提出让诸葛亮赶制10万支箭。诸葛亮答应三天造好，立下了军令状。诸葛亮事后请鲁肃
请输入查找的内容：周瑜
周瑜出现次数： 3
周瑜出现位置： 0 15 190
```

图 4-4　项目运行 2

小记录：

你在程序生成过程中发现________个错误，错误内容如下。

____

____

____

____

大发现：

____

____

微课 4-5：项目 4 实现

4.4　知识拓展

4.4.1　字符串的切片

切片通过起始索引、结束索引和步长等参数来获取字符串的部分内容。切片操作返回一个新的字符串对象。

语法格式如下：

```
string[start : end : step]
```

参数说明如下。

(1) string:表示要截取的字符串。

(2) start:表示要截取的第一个字符的索引(包括该字符),如果不指定,则默认为 0。

(3) end:表示要截取的最后一个字符的索引(不包括该字符),如果不指定,则默认为字符串的长度。

(4) step:表示切片的步长,如果省略,则默认为 1。当省略该步长时,最后一个冒号也可以省略。

例 4-23 对字符串"Hello world!"按照要求截取并输出。

```
str1 = "hello world!"
print(str1[1])            # 下标从 0 开始,截取下标为 1 的字符
print(str1[2:])           # 下标从 2 开始,截取到最后一个字符
print(str1[:4])           # 下标从 0 开始,截取到下标为 3 的字符
print(str1[1:5])          # 下标从 1 开始,截取到下标为 4 的字符
print(str1[-1])           # 截取最后一个字符
print(str1[1:5:2])        # 下标从 1 开始,按步长 2 截取到下标为 4 的字符
```

执行结果如下:

```
e
llo world!
hell
ello
!
el
```

例 4-24 将字符串"Hello World!"中的每个单词进行反转并用空格分隔开。

```
string = "Hello World!"
reversed_words = ' '.join(word[::-1] for word in string.split())
print(reversed_words)
```

执行结果如下:

```
olleH !dlroW
```

例 4-25 输入一个字符串,分别统计其中小写字母、大写字母、数字、空格和其他字符的个数并输出。

```
import string
print("请输入一串字符:")
user_input = input()
lower, upper, number, space, other = 0, 0, 0, 0, 0
for i in user_input:
    if i in string.ascii_lowercase:
```

```
        lower += 1
    elif i in string.ascii_uppercase:
        upper += 1
    elif i in string.digits:
        number += 1
    elif i in " ":
        space += 1
    elif i in string.punctuation:
        other += 1
print("lower=", lower, "upper=", upper, "number=", number, "space=", space, "other=",
other)
```

执行结果如下：

```
请输入一串字符：
I am a student.I am 20 years old.
lower= 20 upper= 2 number= 2 space= 7 other= 2
```

例 4-26　输入一串字符，加密该字符串后，分别输出加密和解密后的字符串。

```
# 导入 base64 模块
import base64
s = input("请输入一串字符串：")
# 使用 base64 进行加密
encoded_s = base64.b64encode(s.encode()).decode()
# 打印加密后的字符串
print("加密后的字符串：", encoded_s)
# 使用 base64 进行解密
decoded_s = base64.b64decode(encoded_s.encode()).decode()
# 打印解密后的字符串
print("解密后的字符串：", decoded_s)
```

执行结果如下：

```
请输入一串字符串：I am a student
加密后的字符串：SSBhbSBhIHN0dWRlbnQ=
解密后的字符串：I am a student
```

职业素养提升

革命战争年代，党中央通过密码通信这一重要渠道决胜千里；社会主义建设新时期，密码工作同样是确保党中央政令畅通、维护党中央权威和集中统一领导的重要工具。信息化、网络化、数字化高度发达的今天，密码技术已经渗透到了社会生产生活各个方面，重要网络和信息系统、关键信息基础设施、数字化平台都离不开密码的保护。5G、物联网、云计算、大数据、人工智能、区块链、量子通信、数字经济等新技术新业态都与密码紧密融合。

密码与老百姓日常生活也息息相关，身份认证、消费支付、网络交易、个人信息保护、财产保护等，背后都有密码在发挥着作用，有力维护了社会正常运转和交易秩序，保障了公民、法人和社会组织的合法权益。

密码赋能高质量发展,密码护航百姓生活。《中华人民共和国密码法》正式颁布、实施以来,密码应用保障领域全面拓宽,产业生态持续繁荣壮大,科技创新成果显著,社会公众密码安全意识进一步增强,密码在维护国家安全、促进经济社会发展、保护人民群众利益中的作用日益凸显。

做好新时代的密码工作,事关人民切身利益。学习字符串加密、解密等内容时,强调安全意识的重要性。加强个人信息保护、不泄露敏感信息等。提升安全意识和风险防范能力。

微课 4-6:字符串的切片

4.4.2 字符串其他方法

字符串方法的基本用法可以分为性质判定、查找与替换、分切与连接、变形、删减与填充。前面已经介绍了常用的字符串方法,这里全面介绍一下字符串的其他方法。

1. 字符串性质判定方法

字符串性质判定方法见表 4-4。

表 4-4 字符串性质判定方法

方法名	功能描述
isalnum()	判断是否全是字母和数字,并且至少有一个字符
isalpha()	判断是否全是字母,并且至少有一个字符
isdigit()	判断是否全是数字,并且至少有一个字符
islower()	判断字符串中字母是否全是小写
isupper()	判断字符串中字母是否全是大写
isspace()	判断是否全是空白字符,并且至少有一个字符
istitle()	判断字符串是否每个单词都有且只有第一个字母是大写
startswith(prefix[,start[,end]])	用于检查字符串是否是以指定子字符串 prefix 开头,如果是则返回 True,否则返回 False。如果参数 start 和 end 指定值,则在指定范围内检查
endswith(suffix[,start[,end]])	用于判断字符串是否以指定后缀 suffix 结尾,如果以指定后缀结尾返回 True,否则返回 False。可选参数 start 与 end 为检索字符串的开始与结束位置
isidentifier()	用于检查字符串是否是一个合法的 Python 标识符
isnumeric()	用于检查字符串是否只包含数字字符
isprintable()	用于检查字符串是否只包含可打印字符

例 4-27 在处理用户输入或从外部源获取的数据时,可以使用字符串性质判定方法来验证数据的有效性。

```
n = 1
while n == 1:
    s = input("输入一个字符串:")
    if s.isalnum():
        print("仅由字母和数字组成")
    if s.isalpha():
        print("仅由字母组成")
    if s.isdigit():
        print("仅由数字组成")
    if s.islower():
        print("字符串中的所有字母都是小写")
    if s.isupper():
        print("字符串中的所有字母都是大写")
    if s.isspace():
        print("只包含空白字符")
    if s.startswith("hello"):
        print("字符串以 hello 开头")
    if s.endswith("world"):
        print("字符串以 world 结尾")
    n = input("是否继续输入(1/0):")
```

执行结果如下：

```
输入一个字符串:hello007
仅由字母和数字组成
字符串中的所有字母都是小写
字符串以 hello 开头
是否继续输入(1/0):1
输入一个字符串:hello
仅由字母和数字组成
仅由字母组成
字符串中的所有字母都是小写
字符串以 hello 开头
是否继续输入(1/0):1
输入一个字符串:*****world
字符串中的所有字母都是小写
字符串以 world 结尾
是否继续输入(1/0):0
```

2. 字符串查找与替换方法

字符串查找与替换方法见表 4-5。

表 4-5　字符串查找与替换方法

方　法　名	功 能 描 述
rfind(sub[,start[,end]])	类似于 find()方法，不过是从右边开始查找
rindex(sub[,start[,end]])	类似于 index()方法，不过是从右边开始

例 4-28 处理文件时使用 rfind()和 rindex()方法,从右向左查找特定的目录或文件名,并进行相应的处理。

```
# 使用 rfind()方法获取文件扩展名
file_path = "/path/to/file.txt"
last_dot_index = file_path.rfind(".")
extension = file_path[last_dot_index + 1:]
print("文件扩展名为:", extension)

# 使用 rindex()方法提取路径中的某个目录
file_path = "/path/to/directory/file.txt"
last_slash_index = file_path.rindex("/")
directory = file_path[:last_slash_index]
print("路径中的某个目录为:", directory)
```

执行结果如下:

```
文件扩展名为: txt
路径中的某个目录为: /path/to/directory
```

3. 字符串分切与连接方法

字符串分切与连接方法见表 4-6。

表 4-6 字符串分切与连接方法

方 法 名	功 能 描 述
partition(sep)	用来根据指定的分隔符将字符串进行分割。如果字符串包含指定的分隔符,则返回一个 3 元的元组,第一个为分隔符左边的子串,第二个为分隔符本身,第三个为分隔符右边的子串;如果 sep 没有出现在字符串中,则返回值为(sep,",")
rpartition(sep)	类似于 partition()方法,不过是从右边开始查找
splitness([keepends])	按照行('\r'、'\r\n'、'\n')分隔,返回一个包含各行作为元素的列表。如果参数 keepends 为 False,则不包含换行符;如果为 True,则保留换行符
split(sep[,maxsplit])	通过指定分隔符对字符串进行切片。如果参数 maxsplit 有指定值,则仅分隔 maxsplit 个子字符串,返回分割后的字符串列表
rsplit(sep[,maxsplit])	功能同 split()方法,不过是从右边开始。
join()	将列表或元组众多的字符串合并成一个字符串

例 4-29 解析配置文件。系统开发读取一个配置文件时,可能需要根据特定的分隔符(如等号或冒号)来分隔键和值,使用 partition()方法来实现。

```
config = "key=value"
key, sep, value = config.partition("=")
print(key)          # 输出:key
print(value)        # 输出:value
```

例 4-30 假设我们有一个包含多个单词的句子,需要将其分切成单词列表,然后对每个单词进行处理(例如转换为大写),最后再将处理后的单词列表连接成一个新的句子。

```
sentence = "This is a sample sentence."
words = sentence.split(" ")
# 使用 split()方法并以空格为分隔符号进行分隔
processed_words = [word.upper() for word in words]
new_sentence = " ".join(processed_words)
# 使用 join()方法连接单词并用空格分开
print(new_sentence)   # 输出为"THIS IS A SAMPLE SENTENCE."
```

4. 字符串变形

字符串变形方法及其功能见表 4-7。

表 4-7 字符串变形方法及其功能

方 法 名	功 能 描 述
capitalize()	将字符串的第一个字母变成大写,其他字母变小写。对于 8 位字节编码,需要根据本地环境操作
swapcase()	用于对字符串的大小写字母进行转换,大写转小写,小写转大写
title()	返回"标题化"的字符串,就是说所有单词都是以大写开始,其余字母均为小写

例 4-31 字符串变形方法的综合应用。

```
# 定义一个字符串
s = "hello, world!"
# 使用 capitalize()方法使首字母变大写,其他字母变小写
print(s.capitalize())  # 输出为"Hello, world!"
# 使用 title()方法使每个单词的首字母变大写,其他字母变小写
print(s.title())       # 输出为"Hello, World!"
# 使用 swapcase()方法将所有字母的大小写互换
print(s.swapcase())    # 输出"HELLO, WORLD!"
```

5. 字符串填充与删减方法

字符串填充与删减方法及其功能见表 4-8。

表 4-8 字符串填充与删减方法及其功能

方 法 名	功 能 描 述
strip([chars])	用于移除字符串头尾指定的字符(默认为空格),如果有多个,就会删除多个
lstrip([chars])	用于截掉字符串左边的空格或指定字符
rstrip([chars])	用于截掉字符串右边的空格或指定字符
center(width[,fillchar])	返回一个原字符串并居中,再使用 fillchar()方法填充至长度为 width 的新字符串。默认填充字符为空格。如果指定的长度小于原字符串的长度,则返回原字符串
ljust (width[,fillchar])	返回一个原字符串并左对齐,再使用 fillchar()方法填充至指定长度的新字符串,默认为空格。如果指定的长度小于原字符串的长度,则返回原字符串

续表

方 法 名	功 能 描 述
rjust(width[,fillchar])	返回一个原字符串并右对齐,再使用 fillchar()方法填充至长度为 width 的新字符串,默认为空格。如果指定的长度小于字符串的长度,则返回原字符串
zfill(width)	返回指定长度的字符串；原字符串右对齐,前面填充 0
	把字符串中的制表符'\t'转为适当数量的空格,默认情况下是转换为 8 个空格
encode()	用于将字符串编码为指定的格式
expandtabs()	用于将字符串中的制表符'\t'转换为空格,并根据指定的制表位数进行对齐

例 4-32 去掉字符串中空格。

```
str1 = "   Hello   "
new_str = str1.strip()          # 去掉两端空格
print(new_str)                  # "Hello"
new_str = str1.lstrip()         # 去掉左侧空格
print(new_str)                  # "Hello   "
new_str = str1.rstrip()         # 去掉右侧空格
print(new_str)                  # "   Hello"
```

例 4-33 设置字符串对齐方式。

```
str1 = "Hello"
# 设置字符串居中
new_str = str1.center(11, "*")
print(new_str)                  # 输出为"***Hello***"
# 设置字符串左对齐
new_str = str1.ljust(11, "&")
print(new_str)                  # 输出为"Hello&&&&&&"
# 设置字符串右对齐
new_str = str1.rjust(11, " ")
print(new_str)                  # 输出为"      Hello"
```

微课 4-7：字符串其他方法

4.5 项目改进

词频统计用途很广泛,比如统计某篇文章中的用词频率、网络热点词、起名排行榜或热门旅游景点排行榜等。基于“词语踪迹寻觅”项目可以在如下几个方面进行完善和改进。

(1) 实现数字、字符统计。

(2) 实现特殊字符统计。

(3) 使用文件输入要统计的文本。

(4) 你需要的其他功能。

4.6 Python 在智能控制技术专业中的应用

智能控制技术是一种高级的自动控制技术,它结合了人工智能和传统控制理论,用于处理复杂系统的控制问题。智能控制技术专业是机械电子工程技术与智能控制专业知识相结合的新兴学科,它主要培养学生在智能控制系统领域的设计、维护和管理方面的能力。

Python 程序设计在智能控制技术专业中占据着重要的地位,并且在多个应用场景中发挥着关键作用。

Python 作为一种编程语言,以其易学性和强大的库支持,在机器学习领域有着广泛的应用。智能控制技术专业中,机器学习算法可以从数据中学习,无须人工编写规则,这对于预测性维护和自动化机器人等工业应用至关重要。例如,通过分析机器和传感器数据,可以预测设备故障,从而实现更加智能的维护策略。

Python 在工控领域的应用也非常广泛。它不仅适用于数据采集和数据可视化,还能够进行工业数据挖掘,这使得 Python 成为智能制造领域中最为适用的语言之一。在智能控制系统中,Python 可以用来实现高度自动化的控制,协同多种元件工作,保证复杂系统的稳定性和精准度。

尽管在某些特定领域,如电力相关领域,Python 的应用可能还不如一些专门的工具如 Simulink 的应用那样广泛,但它在嵌入式领域等方面也有所涉猎,如通过控制树莓派等设备进行项目开发。

Python 程序设计不仅是智能控制技术专业的重要组成部分,而且在实际的工业应用中具有不可替代的作用。它的灵活性和强大的库支持使其成为智能控制领域的理想选择,无论是在机器学习、数据分析还是嵌入式控制等方面都有着广泛的应用前景。

练　一　练

1. 编写程序实现读入一个表示星期几的数字(1～7),输出对应的星期字符串名称。例如,输入 3,返回“星期三”。

2. 实现一个 “获取月份字符串” 的程序,要求根据 1～12 的数字返回对应月份的名称。

3. 输入一个字符串,统计它所包含的所有小写字符的个数。

4. 从下标 0 开始索引,找出单词 welcome 在字符串"Hello, welcome to my world. "中出现的位置,找不到返回－1。

5. 统计字符串"Hello, welcome to my world. "中字母 w 出现的次数。

6. 输入一个姓名,判断是否姓“李”。

测 一 测

扫码进行项目 4 在线测试。

项目5　社会主义核心价值观问题挑战

学习目标

知识目标：

1. 理解列表和元组的概念与定义。
2. 了解列表与元组的数据存储特点。
3. 熟练掌握列表的运算和常用操作。

技能目标：

1. 能够熟练创建列表和元组。
2. 能够熟练使用列表的运算和常用操作。
3. 会使用列表推导。
4. 能够根据应用场景灵活选择使用列表和元组。

素质目标：

1. 培养为社会主义事业作出贡献的敬业精神。
2. 强化软件设计中诚实守信的行为习惯，树立良好的职业形象。
3. 弘扬社会主义核心价值观，坚定理想信念。

5.1　项目情景

高等职业院校培养学生的社会主义核心价值观，不仅是对学生个人发展的促进，也是对社会整体发展的贡献。通过这种教育，可以培养出更多具有良好职业道德、社会责任感和创新精神的技术技能人才，为社会的可持续发展提供人才支持。为让学生更好地掌握、理解社会主义核心价值观的内容，学校计划设计一个问题挑战程序。

该项目的核心功能是输入问题和答案，快速得出最终分和排名。基于该项目的需求分析，项目经理列出需要完成的任务清单，如表5-1所示。

表5-1　项目5任务清单

任务序号	任务名称	知识储备
T5-1	社会主义核心价值观问题挑战	• 列表的概念 • 列表的运算 • 列表的常用操作 • 列表推导 • 元组的概念

5.2 相关知识

5.2.1 列表的概念

在 Python 中,列表是一种有序、可变、允许重复元素的数据结构。它是由一组元素组成的,这些元素可以是不同数据类型的对象,包括数字、字符串、布尔值、其他列表,甚至是自定义对象。列表是用方括号[]括起来的,元素之间用逗号分隔。

1. 列表的创建

直接定义列表,用逗号分隔的不同的数据项使用方括号括起来即可。

例 5-1 使用方括号定义列表并输出。

```
list1 = [1, 2, 3, 'a', 'b', 'c', 'python', 3.14]
print(list1)
```

执行结果如下:

```
[1, 2, 3, 'a', 'b', 'c', 'python', 3.14]
```

可以使用内置的 list()方法创建一个空列表或将其他可迭代对象(如字符串、元组、集合等)转换为列表。

例 5-2 用 list()方法定义列表并输出。

```
list2 = list()              # 创建一个空列表
list3 = list("Hello")       # 将字符串转换为列表
print(list2)
print(list3)
```

执行结果如下:

```
[]
['H', 'e', 'l', 'l', 'o']
```

使用列表解析,列表解析是一种非常强大的方式,允许使用一行代码生成列表。

例 5-3 用列表解析定义列表并输出。

```
list4 = [x for x in range(10)]  # 创建一个包含 0~9 的整数的列表
print(list4)
```

执行结果如下:

```
[0, 1, 2, 3, 4, 5, 6, 7, 8, 9]
```

微课 5-1：列表的创建

2. 列表的访问

使用下标索引访问列表中的值。列表的索引从 0 开始，即第一个元素的索引为 0，第二个元素的索引为 1，并以此类推。

例 5-4　访问列表单个元素并输出。

```
my_list = [10, 20, 30, 40, 50]
first_element = my_list[0]          # 访问第一个元素，值为 10
second_element = my_list[1]         # 访问第二个元素，值为 20
print("first_element:", first_element)
print("second_element:", second_element)
```

执行结果如下：

```
first_element: 10
second_element: 20
```

还可以使用负数索引来从列表的末尾开始访问元素。例如，−1 表示最后一个元素，−2 表示倒数第二个元素，并以此类推。

例 5-5　输出列表中的最后一个元素。

```
my_list = [10, 20, 30, 40, 50]
last_element = my_list[-1]          # 访问最后一个元素
print("last_element:", last_element)
```

执行结果如下：

```
last_element: 50
```

微课 5-2：列表的访问

3. 列表的遍历

列表的遍历是编程中非常基础且强大的功能，允许访问列表中的每个元素，并对它们执行操作。这种操作在数据处理、系统管理和许多其他领域都有实际应用价值。在 Python 中可以使用 for 循环和 while 循环实现列表的遍历。

例 5-6　有一个游戏列表，遍历输出所有游戏名称。

```
# 游戏列表
games = ["游戏 1", "游戏 2", "游戏 3", "游戏 4", "游戏 5"]
# 遍历列表并输出游戏名称
for game in games:
    print(game)
```

执行结果如下：

```
游戏 1
游戏 2
游戏 3
游戏 4
游戏 5
```

例 5-7 有一个包含学生分数的列表,计算输出所有学生的总分和平均分。

```
# 学生分数列表
scores = [85, 92, 78, 90, 88]
# 初始化总分和学生人数
total_score = 0
num_students = len(scores)
# 遍历列表并累加总分
for score in scores:
    total_score += score
# 计算平均分
average_score = total_score / num_students
# 输出结果
print("总分为:", total_score)
print("平均分为:", average_score)
```

执行结果如下：

```
总分为: 433
平均分为: 86.6
```

微课 5-3：列表的遍历

5.2.2 列表的运算

Python 对列表也提供了非常便捷的操作,可以修改、添加、删除列表元素,还可以进行列表切片操作。

1. 修改列表元素

修改列表中的元素,通过索引引用元素并赋予新值。

例 5-8　假设有一个包含 10 个成绩的列表，使用循环遍历每个元素，并将其增加 5 分。

```
scores = [78, 92, 85, 67, 89, 95, 73, 81, 90, 88]
for i in range(len(scores)):
    scores[i] = scores[i] + 5
print(scores)
```

执行结果如下：

```
[83, 97, 90, 72, 94, 100, 78, 86, 95, 93]
```

2. 添加列表元素

添加元素到列表：使用 append()方法将新元素追加到列表尾部，使用 insert()方法在指定位置插入新元素。

例 5-9　假设有一个购物车列表中已有 3 个商品，用户再次选择商品，将其增加到列表中。

```
carts = ["商品 A", "商品 B", "商品 C"]
product_name = input("请输入商品名称:")
carts.append(product_name)
print(carts)
```

执行结果如下：

```
请输入商品名称:商品 D
['商品 A', '商品 B', '商品 C', '商品 D']
```

3. 删除列表元素

删除列表中元素时可以使用 del 语句、pop()方法、remove()方法三种途径来实现，但是它们各自拥有不同的特点，其中 del 语句根据列表元素的位置删除元素；remove()方法可根据值的内容删除元素，当不知道所要删除元素在列表中的位置时，可用 remove()方法删除，需要注意的是 remove()所删除的元素是列表中第一个配对的值；pop()方法根据指定要删除元素的索引进行删除，删除后，并返回删除的内容，当括号内为空时则删除该列表最后一个元素并将其返回。

例 5-10　假设有一个购物车列表中已有 4 个商品，使用不同的方法删除用户想要删除的商品。

```
cart = ["商品 A", "商品 B", "商品 C","商品 D"]
# 使用 remove()方法删除元素
product_name = input("请输入要删除的商品名称:")
if product_name in cart:
    cart.remove(product_name)
else:
    print("购物车中没有该商品!")
print(cart)
```

```
# 使用 del 语句删除元素
product_name = input("请输入要删除的商品名称:")
if product_name in cart:
    index = cart.index(product_name)
    if index is not None:
        del cart[index]  # 使用 del 语句删除元素
        print(cart)
else:
    print("购物车中没有该商品!")
# 使用 pop()方法删除元素
product_name = input("请输入要删除的商品名称:")
if product_name in cart:
    index = cart.index(product_name)
    if index is not None:
        cart.pop(index)
        print(cart)
else:
    print("购物车中没有该商品!")
```

执行结果如下:

```
请输入要删除的商品名称:商品 D
['商品 A', '商品 B', '商品 C']
请输入要删除的商品名称:商品 A
['商品 B', '商品 C']
请输入要删除的商品名称:商品 D
购物车中没有该商品!
```

4. Python 列表的切片

切片不仅适用于列表,还适用于元组、字符串、range 对象等,但列表的切片操作具有最强大的功能,不仅可以使用切片来截取列表中的任何部分并返回得到一个新列表,还可以通过切片来修改和删除列表中的部分元素,甚至可以通过切片操作为列表对象增加元素。在形式上,切片使用两个冒号分隔的 3 个数字来完成。

切片的语法结构如下:

```
[start: end: step]
```

其中,第一个数字 start 表示切片开始位置,默认为 0;第二个数字 end 表示切片截止位置(不包含此位置),默认为全部;第三个数字 step 表示切片的步长(默认为 1)。

当 start 为 0 时可以省略,当 end 为列表长度时可以省略,当 step 为 1 时可以省略,省略步长时还可以同时省略最后一个冒号。另外,当 step 为负整数时,表示反向切片,这时 start 应该在 end 的右侧才可以。

切片最常见的用法是返回列表中部分元素组成的新列表。当切片范围超出列表边界时,不会因为下标越界而抛出异常,而是简单地在列表尾部截断或者返回一个空列表。

例 5-11 列表切片。

```
# 获取一个列表的前三个元素
my_list = [1, 2, 3, 4, 5]
print(my_list[:3])                    # 输出 [1, 2, 3]
# 将一个列表反转
my_list = [1, 2, 3, 4, 5]
print(my_list[::-1])                  # 输出 [5, 4, 3, 2, 1]
# 复制一个列表
my_list = [1, 2, 3, 4, 5]
new_list = my_list[:]
print(new_list)                       # 输出 [1, 2, 3, 4, 5]
# 删除一个列表中的前三个元素
my_list = [1, 2, 3, 4, 5]
del my_list[:3]
print(my_list)                        # 输出 [4, 5]
```

执行结果如下：

```
[1, 2, 3]
[5, 4, 3, 2, 1]
[1, 2, 3, 4, 5]
[4, 5]
```

注意：在切片中，起始索引是包含的，但结束索引是不包含的，所以上面的切片包括了索引 2 的元素，但不包括索引 6 的元素。

微课 5-4：列表的运算

5.2.3 列表的常用操作

除了上述的基本操作，Python 列表还支持许多其他操作，如拼接、复制、查找、排序等。

1. 列表拼接

使用“+”运算符可以将两个列表拼接在一起。

例 5-12 列表拼接。

```
list1 = [1, 2, 3]
list2 = [4, 5, 6]
result = list1 + list2
print(result)
```

执行结果如下：

```
[1, 2, 3, 4, 5, 6]
```

2. 复制列表

在 Python 中,可以使用切片操作符来进行列表的复制。如果要创建原始列表的完全相同的新列表,可以直接将原始列表赋值给一个变量或者通过切片操作符[:]来获取所有元素并重新分配给一个新的变量。要复制一个列表,可以使用切片操作或 copy()方法。

例 5-13 复制列表。

```
original_list = [1, 2, 3, 4, 5]
new_list1 = original_list                # 赋值方式
print(new_list1)
original_list = ['a', 'b', 'c']
new_list2=original_list.copy()           # copy()方法
print(new_list2)
original_list = [1, 2, 3, 'a', 'b', 'c']
new_list = original_list[1:4]            # 切片操作
print(new_list)
```

执行结果如下:

```
[1, 2, 3, 4, 5]
['a', 'b', 'c']
[2, 3, 'a']
```

3. 查找元素

使用 in 关键字可以检查元素是否存在于列表中。

例 5-14 查找列表元素。

```
my_list = [1, 2, 3, 4, 5]
result = 3 in my_list  # 结果为 True
print(result)
```

执行结果如下:

```
True
```

4. 排序列表

使用 sort()方法可以对列表进行排序。默认情况下,按升序排序。

例 5-15 排序列表。

```
my_list = [3, 1, 2, 5, 4]
my_list.sort()  # 对列表进行排序,结果为[1, 2, 3, 4, 5]
print(my_list)
```

执行结果如下:

```
[1, 2, 3, 4, 5]
```

5. 列表的长度

要获取列表中元素的数量,可以使用内置的 len()方法。

例 5-16　计算列表长度。

```
my_list = [1, 2, 3, 4, 5]
length = len(my_list)   # 获取列表长度,结果为 5
print(length)
```

执行结果如下:

```
5
```

微课 5-5:列表的常用操作

5.2.4　列表推导

列表生成式也叫列表推导式,列表推导式是利用其他列表创建新列表的一种方法,语法格式如下:

```
[生成列表元素的表达式 for 表达式中的变量 in 变量要遍历的序列]
[生成列表元素的表达式 for 表达式中的变量 in 变量要遍历的序列过滤条件 if 过滤条件]
```

注意:

(1) 要把生成列表元素的表达式放到前面,执行时,先执行后面的 for 循环。

(2) 可以有多个 for 循环,也可以在 for 循环后面添加 if 过滤条件。

(3) 变量要遍历的序列可以是任何方式的迭代器(如元组、列表、生成器等)。

例 5-17　用列表生成式把所有元素倍增生成新列表。

```
a = [1, 2, 3, 4, 5, 6, 7, 8, 9, 10]
print([2 * x for x in a])
```

执行结果如下:

```
[2, 4, 6, 8, 10, 12, 14, 16, 18, 20]
```

例 5-18　用 range()方法生成列表。

```
print([2 * x for x in range(1, 11)])
```

执行结果如下:

```
[2, 4, 6, 8, 10, 12, 14, 16, 18, 20]
```

例 5-19 取列表中的偶数。

```
a = [1, 2, 3, 4, 5, 6, 7, 8, 9, 10]
print([2 * x for x in a if x % 2 == 0])
```

执行结果如下:

```
[4, 8, 12, 16, 20]
```

例 5-20 用列表生成式来实现从一个文件名列表中获取全部.py文件。

```
file_list = ['a.py', 'b.txt', 'c.py', 'd.txt', 'test.py']
print([f for f in file_list if f.endswith('.py')])
```

执行结果如下:

```
['a.py', 'c.py', 'test.py']
```

例 5-21 使用循环结构生成3个数的全排列。

```
my_list = [i+j+k for i in '123'for j in '123' for k in '123' if (i != k) and (i != j)
and (j != k)]
print(my_list)
```

执行结果如下:

```
['123', '132', '213', '231', '312', '321']
```

例 5-22 用列表生成式把一个列表中所有的字符串转换成小写。

```
L = ['I', 'Like', 'Learning', 'Python']
print([s.lower() for s in L])
```

执行结果如下:

```
['i', 'like', 'learning', 'python']
```

例 5-23 在一个由男女生姓名列表组成的嵌套列表中,取出姓名中带有“立”字的姓名,并将它们组成列表。

```
names = ['王莉', '吕立立', '赵李立', '周莉'], ['刘立', '王晓立', '高立丽', '张小']
print([name for lst in names for name in lst if '立' in name])
```

执行结果如下：

```
['吕立立', '赵李立', '刘立', '王晓立', '高立丽']
```

微课 5-6：列表推导

5.3 项目实现

该项目包含一个任务，任务序号是 T5-1，任务名称是社会主义核心价值观问题挑战。

5.3.1 分析与设计

1. 需求分析

（1）数据存储。使用列表 questions 存储问题，使用列表 answers 存储答案。

（2）数据输入。系统提出问题，用户根据显示问题输入答案 user_answer。

（3）数据处理。使用列表遍历出所有问题和问题的正确答案；根据用户输入的答案 user_answer 与问题的正确答案进行比对，判断是否正确，如果回答正确，给予积分 score 累加。score 初始值是 0。设置 5 道题目，每回答正确一道累加 20 分。

（4）输出结果。根据条件 score 大于或等于 80 分，输出“优秀”；score 大于或等于 60 分并且小于 80 分，输出“良好”；score 大于或等于 40 分并且小于 60 分，输出“合格”；其他情况输出“不合格”。

职业素养提升

社会主义核心价值观是富强、民主、文明、和谐，自由、平等、公正、法治，爱国、敬业、诚信、友善。在学习程序设计时如何弘扬社会主义核心价值观？

（1）爱国主义。将编程技能用于国家建设和发展，参与国家重点项目和科技创新，为国家的繁荣富强贡献力量。

（2）敬业精神。在学习 Python 程序设计过程中，要勤奋刻苦，追求卓越，不断提高自己的技能水平，为社会主义事业作出贡献。

（3）诚信为本。在编程实践中，要遵循道德规范，诚实守信，不抄袭他人代码，不侵犯知识产权，树立良好的职业形象。

（4）友善互助。在学习过程中，要团结同学，互相帮助，共同进步。在解决问题时，要乐于分享经验和技巧，为他人提供帮助和支持。

（5）公平正义。在编程实践中，要关注社会问题，关心弱势群体，运用技术手段为社会公平正义服务，为实现全体人民共同富裕贡献力量。

（6）法治意识。在编程实践中，要遵守国家法律法规，尊重网络道德，维护网络安全，为构建和谐社会提供技术支持。

(7) 自由平等。在学习 Python 程序设计过程中,要尊重他人的观点和思想,倡导平等交流和自由讨论,为形成良好的学术氛围贡献力量。

(8) 民主科学。在编程实践中,要坚持民主决策,科学管理,充分发挥集体智慧,推动科技创新和社会进步。

在学习 Python 程序设计的过程中融入社会主义核心价值观,可以使编程技能更好地服务于国家和人民,为社会主义事业作出贡献。同时,这也有助于培养具有高度社会责任感和道德品质的优秀程序员。

2. 流程设计

该项目流程图如图 5-1 所示。

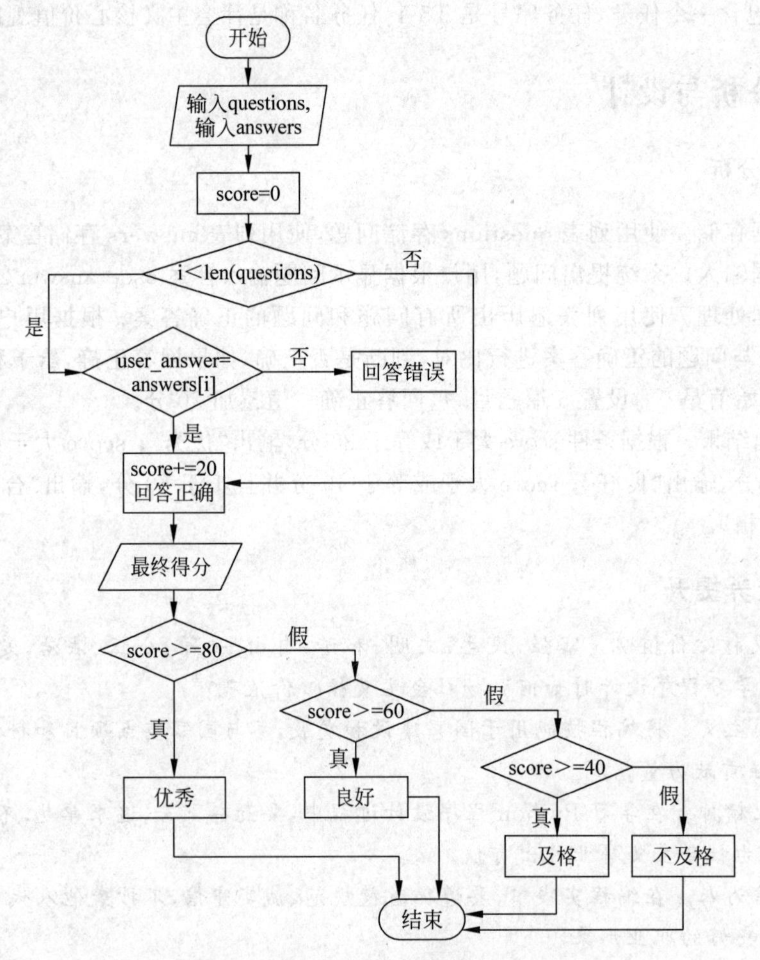

图 5-1 项目 5 流程图

5.3.2 代码编写

该项目参考源代码如下:

```
# 社会主义核心价值观回答挑战
# 定义问题和答案
questions = [
    "1. 社会主义核心价值观中国家层面的价值目标?",
    "2. 富强是指什么?",
    "3. 民主是指什么?",
    "4. 文明是指什么?",
    "5. 和谐是指什么?"
]
answers = [
    "富强、民主、文明、和谐",
    "国家强大,人民富裕",
    "人民当家做主,实现民主权利",
    "社会文明进步,文化繁荣发展",
    "社会和谐稳定,人民安居乐业"
]
# 初始化得分
score = 0
# 显示问题并获取用户输入
for i in range(len(questions)):
    user_answer = input(questions[i])
    # 根据答案判断是否正确
    if user_answer == answers[i]:
        score += 20
        print("很棒!回答正确")
    else:
        print("遗憾!回答错误")

# 算出最终得分和排名
print("你的得分是:", score)
if score >= 80:
    print("你的排名是:优秀")
elif score >= 60:
    print("你的排名是:良好")
elif score >= 40:
    print("你的排名是:及格")
else:
    print("你的排名是:不及格")
```

5.3.3　运行并测试

(1) 单击 Run 按钮运行项目,如有错误,先调试、修改错误,如图 5-2 所示。

错误内容:for i in range(lengh(questions)):。

错误提示:NameError: name 'lengh' is not defined(代码中使用了一个未定义的变量或函数名"lengh",可能是拼写错误)。

正确内容:for i in range(len(questions)):。

(2) 运行并测试。修改错误后再次运行程序,如图 5-3 所示。根据程序提示,开启"社

```
OOP C:\Users\XH\Py
  .venv library root
  3-1.py
  8-1
  9-1.py
  9-2.py
  9-3.py
  t1.py
  test.txt
External Libraries
Scratches and Conso

17
18  # 初始化得分
19  score = 0
20
21  # 显示问题并获取用户输入
22  for i in range(lengh(questions)):
23      user_answer = input(questions[i])
24      # 根据答案判断是否正确
25      if user_answer == answers[i]:
26          score += 20
27          print("很棒！回答正确")
28      else:
29          print("遗憾！回答错误")
30

for i in range(lengh(questions)) › else

Run  t1

C:\Users\XH\PycharmProjects\OOP\.venv\Scripts\python.exe C:\Users\XH\PycharmProjects\OOP\t1.py
Traceback (most recent call last):
  File "C:\Users\XH\PycharmProjects\OOP\t1.py", line 22, in <module>
    for i in range(lengh(questions)):
                   ^^^^^
NameError: name 'lengh' is not defined
```

图 5-2 项目调试

会主义核心价值观问题挑战”。

```
1. 社会主义核心价值观中国家层面的价值目标？富强、民主、文明、和谐
很棒！回答正确
2. 富强是指什么？国家强大，人民富裕
很棒！回答正确
3. 民主是指什么？人民当家做主，实现民主权利
很棒！回答正确
4. 文明是指什么？社会文明进步，文化繁荣发展
很棒！回答正确
5. 和谐是指什么？社会和谐稳定，人民安居乐业
很棒！回答正确
你的得分是: 100
你的排名是: 优秀
```

图 5-3 项目运行

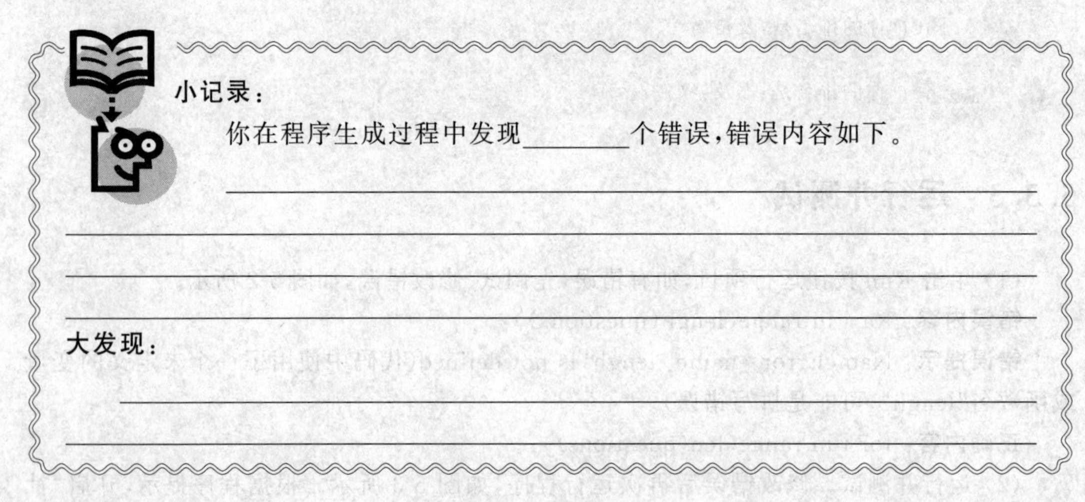
小记录：
你在程序生成过程中发现________个错误，错误内容如下。
大发现：

微课 5-7：项目 5 实现

5.4　知识拓展

5.4.1　常用列表函数

1. enumerate()函数

将一个可遍历的数据对象(如列表)组合为一个索引序列，序列中的每个元素均是由数据对象的元素下标和元素组成的元组。

例 5-24　列出列表中下标和元素。

```
seasons = ['Spring', 'Summer', 'Autumn', 'Winter']
print(list(enumerate(seasons)))
```

执行结果如下：

```
[(0, 'Spring'), (1, 'Summer'), (2, 'Autumn'), (3, 'Winter')]
```

例 5-25　如果列表中的元组下标从 1 开始，列出列表中下标和元素。

```
seasons = ['Spring', 'Summer', 'Autumn', 'Winter']
print(list(enumerate(seasons,start=1)))
```

执行结果如下：

```
[(1, 'Spring'), (2, 'Summer'), (3, 'Autumn'), (4, 'Winter')]
```

2. shuffle()函数

例 5-26　用 shuffle()实现随机排列列表中的元素。

```
import random
list1 = [1, 2, 3, 4, 5]
random.shuffle(list1)
print(list1)
```

执行结果如下：

```
[2, 4, 5, 3, 1]
```

3. reverse()函数

在 Python 中,reverse()函数用于反转列表或者字符串。

(1) 列表反转。list.reverse()方法将原地(in-place)反转列表的元素顺序,这意味着它直接修改原列表,不返回新列表。

(2) 切片操作反转字符串。使用切片[::-1]可以创建字符串的一个反转副本。

(3) 使用 reversed()函数。reversed()函数接受一个序列作为参数,并返回一个反转的迭代器。

例 5-27 reverse()函数应用实例。

```
list1 = [1, 2, 3, 4, 5]
list1.reverse()                                # 列表反转
print(list1)
string1 = "hello"
reversed_string = string1[::-1]                # 切片操作反转字符串
print(reversed_string)
for char in reversed(string1):
    print(char, end='')                        # 返回一个反转的迭代器
```

执行结果如下:

```
[5, 4, 3, 2, 1]
olleh
olleh
```

注意:reversed()函数不会改变原始字符串,而是返回一个迭代器,可以遍历这个迭代器来获取反转后的字符。

4. sorted()函数

sorted()函数是 Python 中的一个内置函数,用于对可迭代对象进行排序。语法格式如下:

```
sorted(iterable, *, key=None, reverse=False)
```

参考说明如下。

(1) iterable:可迭代对象,如列表、元组等。

(2) key:用于自定义排序规则的函数,该函数接受一个参数并返回一个值,用于确定排序顺序。

(3) reverse:布尔值,表示是否进行降序排序,默认为 False,表示升序排序。

例 5-28 sorted()函数应用实例。

```
num1 = [3, 1, 4, 2, 5]
num1.sort()                                    # 用 sort()方法排序
print(num1)
num2 = [20, 90, 80, 60, 50]
sorted_numbers = sorted(num2)                  # 用 sorted 对列表进行升序排序
print(sorted_numbers)
print(num2)                                    # 用 sorted 排序后原始列表顺序未变
```

```
numbers = [3, 1, 4, 2, 5]
sorted_numbers = sorted(numbers, reverse=True)  # 对列表进行降序排序
print(sorted_numbers)                           # 输出为[5, 4, 3, 2, 1]
```

执行结果如下：

```
[1, 2, 3, 4, 5]
[20, 50, 60, 80, 90]
[20, 90, 80, 60, 50]
[5, 4, 3, 2, 1]
```

注意：Python 中 sort()方法和 sorted()函数的区别如下。

(1) 使用对象不同。sort()是列表对象的方法，只能用于列表的排序；而 sorted()是 Python 的内建函数，可以对任何可迭代对象进行排序，包括列表、元组、字典等。

(2) 排序方式不同。sort()方法默认是在原列表上进行排序，也就是说，它会改变原列表的元素顺序；而 sorted()函数则是返回一个新的排序后的列表，原列表元素的顺序不会被改变。

(3) 返回值不同。sort()方法没有返回值，或者说返回值是 None；而 sorted()函数则返回一个新的排序后的列表。

(4) 是否改变原始数据。使用 sort()方法进行排序会改变原列表的元素顺序；而使用 sorted()函数进行排序，原列表元素的顺序不会被改变。

(5) 适用范围不同。sort()方法是列表对象的方法，只能用于列表的排序；而 sorted()是内建函数，可以对任何可迭代对象进行排序。

微课 5-8：常用列表函数

5.4.2　元组

1. 元组的概念

Python 的元组(tuple)是一个有序序列，但是元组的元素不能修改，元组使用圆括号包含元素，而列表使用方括号包含元素，元组创建的时候只需要在圆括号中添加元素，并使用逗号分隔即可。元组为不可变序列，不能修改，只能查询。

可以把元组看作是轻量级列表或者简化版列表，支持与列表类似的操作，但功能不如列表强大。在形式上，元组的所有元素放在一对圆括号中，元素之间使用逗号分隔，如果元组中只有一个元素则必须在最后增加一个逗号。

2. 元组创建

使用“＝”将一个元组赋值给变量，即可创建一个元组变量。

例 5-29 创建空元组。

```
tuple1 = ()
print(tuple1)
```

执行结果如下：

```
()
```

例 5-30 创建含有多个元素的元组。

```
tuple2 = (1, 2, ['a', 'b', 'c'], 'd')
print(tuple2)
```

执行结果如下：

```
(1, 2, ['a', 'b', 'c'], 'd')
```

例 5-31 通过元组构造方法 tuple()将列表、集合、字符串转换成元组。

```
# 将列表转换为元组
my_list = [1, 2, 3, 4, 5]
my_tuple = tuple(my_list)
print("将列表转换为元组：", my_tuple)
# 将集合转换为元组
my_set = {6, 7, 8, 9, 10}
my_tuple = tuple(my_set)
print("将集合转换为元组：", my_tuple)
# 将字符串转换为元组
my_string = "Hello"
my_tuple = tuple(my_string)
print("将字符串转换为元组：", my_tuple)
```

执行结果如下：

```
将列表转换为元组：(1, 2, 3, 4, 5)
将集合转换为元组：(6, 7, 8, 9, 10)
将字符串转换为元组：('H', 'e', 'l', 'l', 'o')
```

3. 元组访问

使用下标索引来访问元组中的值，元组的索引从 0 开始。也可以使用负数索引来访问元组中的值，负数索引表示从元组的末尾开始计数。

例 5-32 访问元组中的值。

```
my_tuple = (1, 2, 3, 4, 5)
print(my_tuple[0])                    # 输出：1
print(my_tuple[1])                    # 输出：2
```

```
print(my_tuple[2])          # 输出:3
print(my_tuple[-1])         # 输出:5
print(my_tuple[-2])         # 输出:4
print(my_tuple[-3])         # 输出:3
```

例 5-33　通过元组索引访问元组。

```
# 定义一个元组,包含姓名、年龄和职业
per = ("Alice", 25, "Engineer")
# 使用格式化字符串将元组中的元素插入指定位置
formatted_str = f"姓名:{per[0]}; 年龄:{per[1]};职业:{per[2]}."
# 打印格式化后的字符串
print(formatted_str)
```

执行结果如下：

```
姓名: Alice; 年龄: 25;职业: Engineer
```

4. 元组遍历

元组遍历是一项常用的操作,与遍历列表类似,可以使用 for 循环和 while 循环来遍历元组。

例 5-34　使用 for 循环遍历元组。

```
my_tuple = (1, 2, 3, 4, 5)
for item in my_tuple:
    print(item)
```

执行结果如下：

```
1
2
3
4
5
```

例 5-35　使用 while 循环和索引来遍历元组。

```
my_tuple = (1, 2, 3, 4, 5)
index = 0
while index < len(my_tuple):
    print(my_tuple[index])
    index += 1
```

执行结果如下：

```
1
2
3
4
5
```

5. 元组的操作

元组属于不可变序列,一旦创建,其中的元素就不允许被修改了,也无法增加或删除元素。不支持对元组元素进行 del 操作,但能用 del 语句删除整个元组。

元组中的元素是不允许修改的,但可以对元组进行连接组合,以获得一个新元组。

例 5-36 连接两个元组。

```
tup1 = ('python', 20, 3.14, 'aaa', 'A')
tup2 = ('good', 18)
print(tup1+tup2)
```

执行结果如下:

```
('python', 20, 3.14, 'aaa', 'A', 'good', 18)
```

元组中的元素是不允许删除的,但可以使用 del 语句来删除整个元组。

例 5-37 删除整个元组。

```
tup = (1, 2, 3, 4, 5)
print(tup)
del tup
print(tup)
```

执行结果如下:

```
(1, 2, 3, 4, 5)
Traceback (most recent call last):
  File "D:/Users/lijuan/PycharmProjects/123/Mystring.py", line 193, in <module>
    print(tup)
NameError: name 'tup' is not defined
```

注意:在最后一条语句中,对 tup 变量的访问之所以会出错,就是因为该元组已经被删除了。

微课 5-9:元组

5.4.3　常用元组函数

通过函数可以返回元组的长度、最大值和最小值。元组常用函数如表 5-2 所示。

表 5-2　元组常用函数

函 数 名	函 数 功 能
len(tuple)	计算元组元素的个数
max(tuple)	返回元组元素的最大值
min(tuple)	返回元组元素的最小值

例 5-38　输出元组的长度、最大值和最小值。

```
tup = (0, 1, 2, 3, 4, 5, 6, 7, 8, 9)
print(len(tup))
print(max(tup))
print(min(tup))
```

执行结果如下：

```
10
9
0
```

微课 5-10：元组常用函数

5.5　项 目 改 进

通过"社会主义核心价值观问题挑战"游戏学习列表，是不是很有趣？该项目目前还存在一些问题和缺陷，为提升项目的使用率，可以在以下几个方面进行完善和改进。

(1) 保存所有回答者的成绩和排名。

(2) 使用文件等保存更多的问题与答案。

(3) 其他功能。

5.6　Python 工程师的发展历程

一个初级 Python 工程师的发展历程通常是一个渐进的过程，涉及不断学习、积累经验和提升技能的阶段。以下是一个可能的发展历史。

(1) 入门阶段。初学者通过学习基础的 Python 语法和编程概念入门,可能通过在线课程、教科书或自学网站学习。在这个阶段,他们主要关注语法和基本的编程概念,并尝试编写简单的程序解决问题。

(2) 项目实践。一旦掌握了基础知识,初级工程师通常会开始参与一些小型项目的开发,可能是个人项目或者团队项目的一部分。通过实践项目,他们将学会如何将理论知识应用到实际情境中,并且逐渐熟悉开发工作流程和团队合作。

(3) 持续学习和提升。在工作或项目实践中,初级工程师会遇到各种挑战和新的技术需求。他们会不断地学习新的技术和工具,扩展自己的技能栈,比如学习使用新的库、框架或者工具来解决特定的问题。

(4) 专业化方向。随着经验的积累,初级工程师可能会开始在特定领域或方向上深化自己的专业知识。例如,有些人可能对数据科学或者机器学习领域感兴趣,会专门学习相关的算法和技术;而另一些人可能对 Web 开发或者 DevOps 更感兴趣,会深入学习相关的技术和工具。

(5) 成长和晋升。通过不断学习和实践,初级工程师逐渐积累了丰富的经验和技能,可以承担更加复杂的任务和项目。他们可能会逐步晋升为中级工程师,并在工作中担任更多的责任和领导角色。

总的来说,初级 Python 工程师的发展历程是一个不断学习、实践和提升的过程,通过不断地积累经验和技能,逐步成长为更加成熟和专业的工程师。

练 一 练

1. 对列表 a=[1,6,8,11,9,1,8,6,8,7,8]中的数字从小到大排序。

2. 创建一个列表,打印 1～100000,用 for 循环打印出来,并查看最大值和最小值,然后求和。

3. 给 range()函数传递一个参数,打印出 1～20 的奇数。

4. 列表解析打印出 1～10 的每个数的立方。

5. 设计一个通用的最大值函数 max(),可以用来计算出任意个数的最大值。

测 一 测

扫码进行项目 5 在线测试。

项目 6　公益图书角图书管理系统

学习目标

知识目标：

1. 理解函数的概念及其在编程中的重要性。
2. 掌握函数定义的方法。
3. 掌握函数调用的方法及参数传递。
4. 认识函数作用域的概念。
5. 了解函数嵌套调用的执行过程。
6. 了解函数递归调用的执行过程。

技能目标：

1. 能够根据业务场景划分系统功能模块。
2. 能够根据需求合理设计函数、定义函数和调用函数。

素质目标：

1. 培养模块化程序设计逻辑思维能力。
2. 软件开发时优化人机交流界面，以提供良好的用户体验。
3. 践行绿色、低碳、资源共享，构建美好数字世界。

6.1 项目情景

在快节奏的城市生活中，阅读逐渐成为被边缘化的活动，尤其是对于社区中的儿童与老年人。为了提升社区文化氛围，丰富居民的精神生活，某社区计划在社区内组建一个公益读书角，旨在为所有年龄段的居民提供一个免费、舒适且富有学习氛围的阅读空间。为做好该公益图书角的图书管理工作，需要开发一个图书管理系统。实现图书的查询管理、图书借阅、还书等功能。

该软件的核心功能是公益图书角图书管理系统导航，包括查询书籍、借阅书籍、归还书籍。基于对该项目的需求分析，项目经理列出需要完成的任务清单，如表 6-1 所示。

表 6-1　项目 6 任务清单

任务序号	任务名称	知识储备
T6-1	公益图书角图书管理系统	• 函数的概念与定义 • 函数的参数 • 函数的返回值 • 函数的调用 • 变量的作用域

6.2 相关知识

6.2.1 函数的概念与定义

Python 中的函数概念是融合了模块化编程理念与数学中函数理论两者,所构建出的一种高效且灵活的编程工具。

在 Python 语言的模块化编程实践中,函数扮演着核心角色,它们不仅提升了程序的可读性,还促进了代码的复用性。Python 鼓励将程序分解为独立的、可复用的模块,每个模块包含一组相关的功能。函数作为模块的基本单元,允许开发者封装特定功能和行为,使得代码更加清晰、易于维护和扩展。

函数定义的一般形式如下:

```
def 函数名(参数列表):
    """这是函数的文档字符串,描述函数的功能和用法"""
    # 这是函数体
    return 返回值
```

以下是关于函数定义的几点说明。

(1) 函数定义以 def 关键字开始;紧接着是函数名,它应该简洁并且描述性地反映函数的功能;定义的最后必须以冒号(:)结束。

(2) 函数名后面跟随一对圆括号(),圆括号内可以包含参数列表,参数之间用逗号分隔。如果函数不需要参数,则圆括号内可以为空。

(3) 随后的函数体必须缩进,以区分函数体的开始。

(4) 函数体内部包含实现函数功能的代码语句。

(5) 可以使用 return 语句来返回函数的结果。如果函数设计为不返回任何值(即其目的是产生副作用),则可以省略 return 语句。

(6) 在函数定义的第一行可以添加一个三引号字符串("""),这是函数的文档字符串,用于描述函数的功能、参数、返回值以及可能产生的副作用。

例 6-1 定义一个用于计算两个数的和的函数。

```
def add(x, y):
    """计算两个数的和。"""
    z = x + y
    return z
```

说明:在例 6-1 中,add 是函数名,x 和 y 是参数。函数体计算它们的和并返回结果。

例 6-2 定义一个用于计算两个数平均值的函数。

```
def average(x, y):
    return (x + y) / 2
```

例 6-3　编写一个函数,用一个人的名字作为参数,并打印一条问候语。

```
def hello(name):
    print(f"Hello, {name}! Welcome to the Python.")
```

微课 6-1：函数的定义

6.2.2　函数的参数

函数的参数是传递给函数的值,它们允许函数根据输入的不同执行不同的操作。在 Python 中,参数可以分为实参(实际参数)和形参(形式参数)两种。

当定义一个函数时,可以指定形参。形参是在函数定义中声明的变量,在调用函数时用传递的值替代。在函数内部,形参就像普通的变量一样被使用。例如,下面例题中,在计算阶乘的函数里,其中的 n 就是一个形参,它在函数内部代表了程序要计算其阶乘的那个整数。

```
def factorial(n):
    if n < 0:
        return "阶乘不适用于负数。"
    elif n == 0:
        return 1
    else:
        result = 1
        for i in range(1, n + 1):
            result *= i
        return result
```

实参是在函数调用时传递给函数的值。实参可以是任何类型的值,包括数字、字符串、列表等。当调用 factorial 函数时,传递一个实参给 n。

```
print(factorial(5))
```

在这个例子中,数字 5 是实参,它被赋值给形参 n。函数内部的代码随后使用这个值来计算阶乘。

在 Python 中,所有参数的传递都是通过引用传递的,但参数的引用传递行为对于不可变类型(如整数、字符串、元组)和可变类型(如列表、字典、集合)是不同的。

1. 不可变类型的参数传递

对于不可变类型,如整数、字符串、元组,当一个值被传递给函数时,实际上是该值的一个副本被传递。这意味着在函数内部对参数的任何修改都不会影响原始数据。

例 6-4　编写一个数值类型作为参数的函数。

```
def add_number(num):
    # num 是形参,它会用实参的值替代
    n = int(input("请输入要加的数:"))
    num += n
    return num

number = 5
print("原始数字:", number)
# 函数调用
print("函数返回:", add_number(number))
print("原始数字(调用函数后):", number)
```

执行结果如下:

```
原始数字: 5
请输入要加的数:10
函数返回: 15
原始数字(调用函数后): 5
```

说明:在这个例题中,定义了一个函数 add_number,有一个整数参数 num,并在函数内部将其增加 n(10)。当调用这个函数并传递 number 时,函数返回 15。当检查 number 的值时,会发现它仍然是 5。这是因为整数是不可变类型,函数内部对 num 的修改不会影响 number。

例 6-5 编写一个字符串类型作为参数的函数。

```
def append_to_string(s):
    s += " appended"  # 尝试在字符串末尾添加文本
    return s

# 示例调用
original_string = "Hello"
new_string = append_to_string(original_string)
print(f"原始字符串: {original_string}")
print(f"函数返回的新字符串: {new_string}")
```

执行结果如下:

```
原始字符串: Hello
函数返回的新字符串: Hello appended
```

说明:该函数用一个字符串作为参数,并尝试在末尾添加文本。由于字符串是不可变的,函数内部的修改不会影响原始数据。

2. 可变类型的参数传递

对于可变类型,如列表、字典、集合,函数内部对形参的修改会影响到原始的实参。下面通过另一个例题来说明这一点。

例 6-6　编写一个列表类型的参数传递函数。

```
def append_element_to_list(my_list, element):
    # my_list 是形参,它对应实参的引用
    my_list.append(element)
    return my_list


my_list = [1, 2, 3]
print("原始列表:", my_list)
print("函数返回:", append_element_to_list(my_list, 4))
print("原始列表(修改后):", my_list)
```

执行结果如下:

```
原始列表:[1, 2, 3]
函数返回:[1, 2, 3, 4]
原始列表(修改后):[1, 2, 3, 4]
```

说明:在这个例子中,程序定义了一个函数 append_element_to_list,它接受一个列表和一个元素作为参数,并在函数内部将该元素添加到列表中。当调用这个函数并传递 my_list 时,期望函数返回一个新的列表,其中包含了原始列表的所有元素加上新元素 4。当检查 my_list 的值时,会发现它已经被修改了,现在包含了 4。这是因为列表是可变类型,函数内部对 my_list 的修改直接影响了原始列表。

例 6-7　编写一个集合类型的参数传递函数。

```
def add_to_set(s):
    s.add("new element")  # 在集合中添加新元素

# 示例调用
original_set = {"1", "2"}
print(f"原始集合: {original_set}")
add_to_set(original_set)
print(f"函数修改后的集合: {original_set}")
```

执行结果如下:

```
原始集合: {'2', '1'}
函数修改后的集合: {'new element', '2', '1'}
```

说明:这个函数接受一个集合作为参数,并添加一个新元素。由于集合是可变的,因此函数内部的修改会影响原始数据。

例 6-8　编写一个函数,模拟倒计时,倒计时的秒数默认为 10 秒。

```
def countdown(seconds=10):
    while seconds > 0:
        print(seconds)
        seconds -= 1
```

```
    print("倒计时结束!")

# 使用默认倒计时时间
countdown()          # 将从 10 秒开始倒计时
# 使用自定义倒计时时间
countdown(5)         # 将从 5 秒开始倒计时
```

说明:例题使用了默认参数,默认参数是 Python 函数定义中可以指定的参数,它们具有预设的值,如果在函数调用时没有提供相应的参数,则会自动使用这些预设值。在本例中,函数定义了一个名为 seconds 的参数,并为其设置了一个默认值 10。这意味着当调用 countdown()函数而不提供任何参数时,它会自动使用 10 作为 seconds 的值。

微课 6-2:函数的参数

6.2.3 函数的返回值

函数可以执行特定的任务,并且可以通过返回值将结果传递给调用它的代码。返回值是函数执行结果的一个重要组成部分,它允许函数之间进行有效的数据交换。

1. 使用 return 语句

return 语句是 Python 中用来退出函数并返回一个值的关键字。当执行到 return 语句时,函数立即停止执行,并将后面的表达式作为返回值。

```
def add(a, b):
    return a + b
result = add(3, 5)
print(result)  # 输出: 8
```

在这个简单的例子中,add()函数有两个参数 a 和 b,计算它们的和,然后使用 return 语句返回结果。

2. 返回不同类型的值

Python 函数可以返回多种类型的值,包括基本类型(如整数、浮点数、字符串)、复合类型(如列表、字典、元组)以及无返回值(即返回 None)。

(1) 基本类型:函数可以返回任何基本数据类型的值。

```
def get_greeting(name):
    return f"Hello, {name}!"
greet = get_greeting("Alice")
print(greet)  # 输出: Hello, Alice!
```

(2) 复合类型：函数可以返回列表、字典等复合数据类型的值。

```
def get_user_info(user_id):                    # 定义一个函数来获取用户信息
    user_info = ['Zhangsan', 30, user_id]       # 使用列表存储用户信息
    return user_info

info = get_user_info(100123)                   # 调用函数并传入 user_id
print(info)                                    # 输出：['Zhangsan', 30, 100123]
```

(3) 无返回值：如果函数不需要返回任何值，可以省略 return 语句，或者显式返回 None。

```
def print_greeting(name):
    print(f"Hello, {name}!")
    # 没有使用 return 语句，所以默认返回 None
print_greeting("Charlie")
print("Function returned:", print_greeting("Charlie"))
# 输出：Function returned: None
```

在实际编程中，合理使用返回值可以帮助代码编写者构建更加健壮和可维护的代码。通过注解和 return 语句，函数的意图及其预期行为能够得以更明确地表述。

例 6-9　编写一个函数，接受一个数字列表作为参数，并返回列表中所有数字的平均值。

```
def average(numbers):
    if len(numbers) == 0:
        return "列表为空，无法计算平均值"
    return sum(numbers) / len(numbers)

# 调用函数
print(average([10, 20, 30, 40]))  # 输出：25.0
```

例 6-10　在南北朝时期，张邱建创作的数学著作《张邱建算经》一书中，最后一题是世界有名的百鸡问题："今有鸡翁一，直钱五，鸡母一直钱三，鸡雏三直钱一，凡百钱买鸡百只，问鸡翁鸡母鸡雏各几何？"即"一个养鸡人有 100 文钱，他想买 100 只鸡，已知公鸡 5 文钱一只，母鸡 3 文钱一只，小鸡 1 文钱三只。问养鸡人应该如何分配这 100 文钱来买到 100 只鸡？"这是中国数学史上最早出现的不定方程问题。

为解决这个问题，编写一个 Python 函数，这个函数返回所有可能的购买方案。

提示：该函数可以不用试图解一个不定方程，可以尝试遍历所有可能的购买组合，并找出满足条件的解。

```
def find_chicken_combination():
    """
    寻找所有可能的购买方案，使得农夫用 100 文钱恰好买到 100 只鸡。

    返回：
    list：包含所有可能的购买方案的列表，每个方案是一个元组（公鸡数量，母鸡数量，小鸡
    数量）。
```

```
    """
    solutions = []
    for x in range(20):         # 公鸡最多买 20 只,因为每只 5 文钱
        for y in range(33):     # 母鸡最多买 33 只,因为每只 3 文钱
            z = 100 - x - y     # 小鸡的数量
            if 5 * x + 3 * y + z / 3 == 100 and x + y + z == 100:
                solutions.append((x, y, z))
    return solutions

# 调用函数并打印所有可能的购买方案
chicken_combinations = find_chicken_combination()
for combination in chicken_combinations:
    print(f"公鸡: {combination[0]}只, 母鸡: {combination[1]}只, 小鸡: {combination
    [2]}只")
```

执行结果如下:

```
公鸡: 0 只, 母鸡: 25 只, 小鸡: 75 只
公鸡: 4 只, 母鸡: 18 只, 小鸡: 78 只
公鸡: 8 只, 母鸡: 11 只, 小鸡: 81 只
公鸡: 12 只, 母鸡: 4 只, 小鸡: 84 只
```

说明:这个问题实际上是一个简单的线性方程问题,在实际动手解题时可以通过建立方程并求解来找到解。但是,该例题使用了穷举法来找到所有可能的解决方案,这种方法在书面答题解决问题时可能不太实用,但它提供了一种直观的方式来理解计算机有时是通过何种方式来找到问题最终的答案的。

微课 6-3:函数的返回值

6.2.4 函数的调用

函数调用是编程中的一种基本操作,它允许你重复使用已经编写好的具备特定功能的代码块,而不需要每次都从头开始编写。这样做的好处是,你可以将复杂的任务分解成更小、更易于管理的部分,每个部分就是一个函数。当你需要执行这个任务时,只需调用相应的函数即可。

函数调用的一般形式如下:

```
函数名(参数列表)
```

例 6-11 定义一个简单的加法函数并调用它。

```
def add(x, y):
    return x + y
total = add(5, 10)
print("The sum is:", total)
```

函数调用是程序执行流程中的一个重要组成部分，它涉及将控制权从当前执行点转移到另一个预定义的代码块（即函数），并在执行完毕后返回到原来的执行点。下面通过例 6-11 来详细讲解这个过程。

1. 函数定义

先定义一个名为 add 的函数，它接受两个参数 x 和 y，并返回它们的和。这是函数的声明部分，告诉 Python 解释器 add()函数的存在以及它的功能。

2. 函数调用

再调用 add()函数，传递了两个整数 5 和 10 作为实参。在 Python 中，函数调用时，实参会被传递给相应的形参。在这个例子中，5 被赋值给 x，10 被赋值给 y。然后，Python 执行 add()函数体内的代码，计算出 x ＋ y 的值。

3. 控制权转移

当 add(5, 10)被执行时，程序的控制权从当前位置（即 print 语句之前的代码）转移到 add()函数。在 add()函数内部，Python 执行加法操作，并计算出结果。

4. 返回值

一旦 add()函数完成了计算，它通过 return 语句返回结果。在这个例子中，返回值是 5＋10，即 15。然后，控制权从 add()函数返回到原来的执行点。

5. 结果赋值

返回的值被赋给了变量 total。这意味着，当原来的执行点再次获得控制权时，total 变量包含了 add()函数的返回值。

6. 后续执行

控制权返回后，程序继续执行下一条语句。在这个例子中，是 print 语句输出了"The sum is："和变量 total 的值。

程序控制权是指程序执行的顺序和流程。在函数调用的过程中，控制权的转移是临时的，一旦函数执行完毕并返回结果，控制权就会回到调用点，继续执行后续的代码。这种控制权的转移是编程中实现复杂逻辑和代码复用的关键。

例 6-12　编写一个函数，该函数接受一个整数参数，表示三角形的层数，并打印出一个由星号（*）组成的等腰三角形，并调用它。

```
def print_triangle(n):
    for i in range(1, n + 1):
        # 打印空格
        print(' ' * (n - i), end='')
        # 打印星号
        print('*' * (2 * i - 1))
```

```
# 调用函数,打印一个 5 层的星号三角形
print_triangle(5)
```

执行结果如下:

```
    *
   ***
  *****
 *******
*********
```

例 6-13 编写一个 Python 函数,该函数接受一个整数参数,并返回该整数的阶乘。阶乘是所有小于或等于该数的正整数的乘积,并调用它。

```
def factorial(n):
    if n < 0:
        return "阶乘不适用于负数。"
    elif n == 0:
        return 1
    else:
        result = 1
        for i in range(1, n + 1):
            result *= i
        return result    # 调用函数,计算 5 的阶乘
print(factorial(5))
```

执行结果如下:

```
120
```

例 6-14 鸡兔同笼是中国古代的数学名题之一。大约在 1500 年前写成的《孙子算经》一书中就记载了这个有趣的问题。书中是这样叙述的:今有雉、兔同笼,上有三十五头,下有九十四足。问:雉、兔各几何?翻译一下为:现在有一个笼子,里面关着一些野鸡和兔子。从上面看,可以看到总共有 35 个头;从下面看,可以看到总共有 94 只脚。请问:笼子里有多少只野鸡和多少只兔子?

已知鸡有 2 只脚,兔子有 4 只脚。编写一个函数来解决这个问题,函数接受两个参数:heads(动物的头数)和 legs(动物的脚数),并直接打印出鸡和兔子的数量。

```
def solve_chicken_rabbit(heads, legs):
    """
    参数:
    heads (int): 动物的头数
    legs (int): 动物的脚数
    """
    # 兔子数量的计算公式
    rabbits = (legs - 2 *heads) / 2
```

```
    # 鸡的数量计算公式
    chickens = heads - rabbits

    # 检查是否有解(脚的数量必须是偶数)
    if chickens < 0 or rabbits < 0 or (legs % 2 != 0):
        print("无解")
    else:
        print(f"鸡的数量: {int(chickens)}")
        print(f"兔子的数量: {int(rabbits)}")

# 假设有 35 个头,94 只脚
solve_chicken_rabbit(35, 94)
```

执行结果如下：

```
鸡的数量: 23
兔子的数量: 12
```

微课 6-4：函数的调用

6.2.5　变量的作用域

变量的作用域是指在程序中变量的可见性区域。这个区域定义了在何处可以访问特定的变量。在 Python 中,作用域主要分为局部作用域和全局作用域。

想象一下,每个函数都是一个独立的房间(函数),而房间里的东西(变量)默认只能在自己的房间里被看到,这就是局部作用域。也就是说,当你在函数内部创建了一个变量,它只能在那个函数内部被访问,其他地方是看不到的。

现在,有些东西是放在大厅当中的,大厅里的东西在每个房间都是可以被观察到的,这就是全局作用域。定义在函数外的变量拥有全局作用域,即全局变量,是可以被本程序所有函数访问到的。如果你在房间里(函数内部)想要修改这个公共区域的东西,你需要告诉程序你正在使用公共区域的变量,这在 Python 中通过 global 关键字来实现。

1. 局部作用域

```
def my_function():
    local_variable = "I am local"
print(local_variable)   # 尝试在函数外部访问局部变量会导致错误
# NameError: name 'local_variable' is not defined
```

在上面的例子中,local_variable 只能在 my_function()函数内部访问。尝试在函数外部访问它会导致 NameError。

2. 全局作用域

全局作用域是指在函数外部定义的变量的作用域。这些变量在整个程序中都是可见的,包括在所有函数内部。全局变量也可以在函数内部被访问和修改,但需要使用 global 关键字来声明。

```
a = 1                    # 在全局作用域中定义了一个变量 a,并赋值为 1

def my_function():
    global a             # 声明 a 为全局变量,则函数内部对 a 的操作会影响到全局作用域中的 a
    a = a - 1            # 将全局变量 a 的值减 1,操作后 a 的值变为 0
    print(a)             # 打印修改后的 a 的值,输出将会是 0
print(a)                 # 在函数调用之前打印全局变量 a 的值,输出将会是 1
my_function()            # 调用函数 my_function(),输出将会是 0
```

在这个例子中,a 是一个全局变量,它可以在 my_function()函数内部被访问。在函数内部,使用 global 关键字来声明 a,这样就可以在函数内部修改它。

3. 作用域的注意事项

(1) 局部变量优先级。如果函数内部和外部都有同名的变量,函数内部的局部变量会优先被访问。

(2) 全局变量的修改。在函数内部修改全局变量时,必须使用 global 关键字。

(3) 避免使用全局变量。使用全局变量可能会导致代码难以理解和维护,尽量在函数内部处理数据,保持代码的模块化。

微课 6-5:变量的作用域

6.3 项 目 实 现

该项目包含一个任务,任务序号是 T6-1,任务名称是公益图书角图书管理系统。

6.3.1 分析与设计

1. 需求分析

公益图书角图书管理系统旨在为图书角提供一个简单的命令行界面,以便于图书角工作人员和用户进行图书查询、借阅和归还操作。系统需维护一个书籍列表,记录书籍的标题、作者、ISBN 号和借阅状态,并存储用户的借阅记录。用户通过输入选择操作,系统根据输入执行查询、借阅或归还流程。系统应具备基本的可用性和可靠性,确保数据准确无误。

技术实现采用Python语言，当前版本不包含用户认证和图形用户界面，专注于核心功能的实现。项目完成后，将进行用户测试并根据反馈进行优化，最终部署至图书角使用。

具体需求分析如下。

(1) 实现一个用户友好的界面，供用户和图书角工作人员使用。界面提供清晰的导航和操作提示，确保用户能够轻松理解如何使用系统。支持命令行输入，以便用户可以通过键盘操作进行图书查询、借阅、归还等操作。

(2) 提供图书查询功能，允许用户通过书名或作者搜索图书。系统应提供一个操作提示，用户可以通过输入特定的命令来发起查询。用户应能够根据书名或作者进行搜索。查询后，系统应展示与搜索条件匹配的图书列表。每本书的展示信息应包括书名、作者、ISBN号以及当前的借阅状态(例如，可借、已借出)。

(3) 实现借阅功能，确保图书的流通和库存管理。系统应引导用户通过输入图书的ISBN号来执行借阅操作。如果图书角中的图书可用且ISBN号匹配，系统将标记该图书为不可用，并将其添加到借阅列表中。函数将通知用户借阅成功，并提供书籍的详细信息。如果图书不可用或ISBN号不匹配，系统将通知用户借阅失败。

(4) 实现归还功能，确保图书的流通和库存管理。系统应引导用户通过输入图书的ISBN号来执行归还操作。如果系统中存在对应的借阅记录，图书将被标记为可用，并从借阅列表中移除。函数将打印出成功归还的信息，包括书籍的标题、作者和ISBN号。如果系统中没有找到对应的借阅记录，则会通知用户。

2. 流程设计

该项目流程图如图6-1所示。

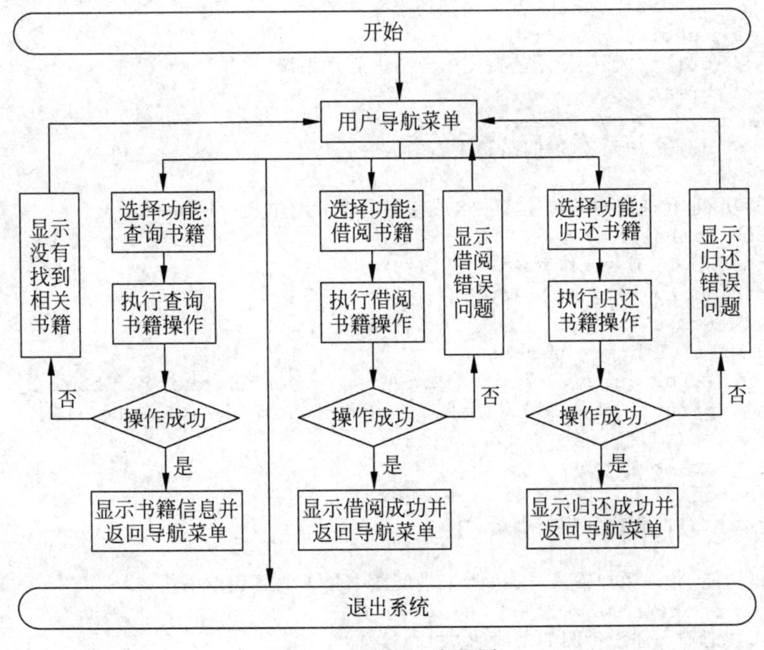

图6-1　项目6流程图

6.3.2 代码编写

公益图书角图书管理系统的项目参考源代码如下：

```
# 假设的图书角书籍列表
library_books = [
    ['这就是中国', 'Zhangsan', '1234567890', True],
    ['昆虫的秘密生活', 'Lisi', '0987654321', True],
    ['茶道:从喝茶到懂茶', 'Wangwu', '1112223333', False]
]

# 用户借阅记录
borrowed_books = []

# 启动公益图书角图书管理系统的主函数
def start_system():
    print("欢迎使用公益图书角图书管理系统!")
    while True:
        print("1. 查询书籍")
        print("2. 借阅书籍")
        print("3. 归还书籍")
        print("4. 退出系统")
        choice = input("请选择一个操作:")
        if choice == '1':
            search_books() # 调用查询书籍功能
        elif choice == '2':
            borrow_book()  # 调用借阅书籍功能
        elif choice == '3':
            return_book()  # 调用归还书籍功能
        elif choice == '4':
            print("感谢使用公益图书角图书管理系统,再见!")
            break
        else:
            print("无效的选择,请重新输入。")

# 查询书籍功能:允许用户通过输入书名或作者名搜索图书角中的图书
def search_books():
    print("请输入书名或作者名进行搜索:")
    search_query = input().lower()
    found = False
    for book in library_books:
        if search_query in book[0].lower() or search_query in book[1].lower():
            print(f"找到书籍:{book[0]},作者:{book[1]},ISBN:{book[2]}")
            found = True
            break
    if not found:
        print("没有找到相关书籍。")

# 借阅书籍功能:允许用户输入 ISBN 号来借阅图书角中的可用图书
def borrow_book():
    print("请输入你想借阅的书籍的 ISBN 号:")
    isbn = input()
    for book in library_books:
```

```
        if book[2] == isbn and book[3]:
            book[3] = False
            borrowed_books.append(book.copy())  # 使用 copy()方法复制列表,以避免修改原始数据
            print(f"成功借阅书籍:{book[0]},作者:{book[1]},ISBN:{book[2]}")
            return
    print("书籍不可用或 ISBN 号错误。")

# 归还书籍功能:允许用户输入 ISBN 号来归还之前借阅的图书
def return_book():
    print("请输入你想归还的书籍的 ISBN 号:")
    isbn = input()
    for book in borrowed_books:
        if book[2] == isbn:
            book[3] = True
            borrowed_books.remove(book)
            print(f"成功归还书籍:{book[0]},作者:{book[1]},ISBN:{book[2]}")
            return
    print("没有找到借阅记录。")

# 开始系统
start_system()
```

6.3.3　运行并测试

(1) 使用 Run 命令运行项目,如有错误,首先调试、修改错误,如图 6-2 所示。

```
58  def return_book():
59      print("请输入你想归还的书籍的ISBN号: ")
60      isbn = input()
61      for book in borrowed_books:
62          if book[2] == isbn:
63              book[3] = True
64              borrowed_books.remove(book)
65              print(f"成功归还书籍: {book[0]}, 作者: {book[1]}, ISBN: {book[2]}")
66              return
67      print("没有找到借阅记录。")
68
69  #开始系统
70  start_System()

C:\Users\XH\PycharmProjects\OOP\.venv\Scripts\python.exe C:\Users\XH\PycharmProjects\OOP\1.py
Traceback (most recent call last):
  File "C:\Users\XH\PycharmProjects\OOP\1.py", line 70, in <module>
    start_System()
    ^^^^^^^^^^^^
NameError: name 'start_System' is not defined. Did you mean: 'start_system'?
```

图 6-2　项目调试

错误内容:start_System()。

错误提示:NameError: name 'start_System' is not defined. Did you mean: 'start_ system'?(命名错误：使用了一个名为'start_System'的变量或函数，但 Python 解释器无法找到它。可能是拼写错误或者该变量/函数未被定义。建议检查代码中的拼写是否正确，或者确认是否已经定义了'start_System'。)

正确内容：start_system()。

错误分析：函数在使用时其名称和参数要与定义的函数保持一致。

(2) 修改所有错误，再次运行项目，如图 6-3 所示。

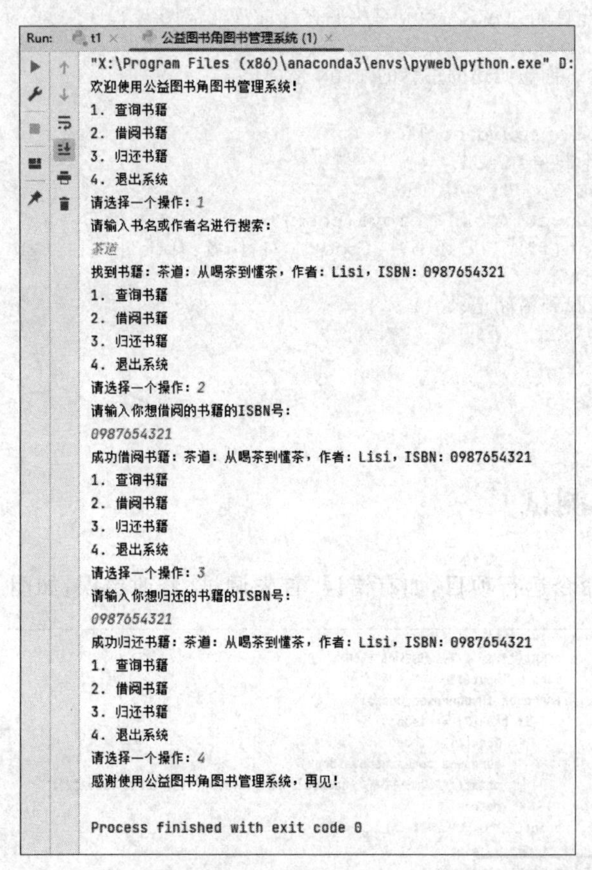

图 6-3 项目运行

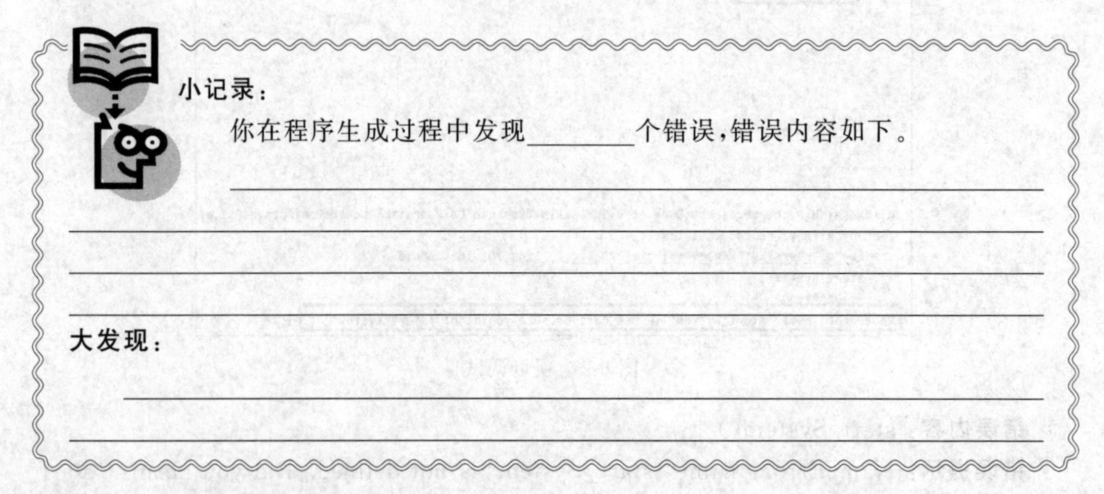

职业素养提升

在当今社会，技术的发展日新月异，它不仅仅是推动经济增长和科技创新的动力，更是解决社会问题及服务社会大众的重要工具。通过开发和维护公益图书角图书管理系统，不仅能够培养各位的技术能力，更重要的是能够激发大家的社会责任感和服务意识，培育大家积极参与社会公益活动的责任感，从而认识到技术的实际应用价值和深远影响。

微课 6-6：项目 6 实现

6.4　知识拓展

6.4.1　函数的嵌套调用

1. 什么是嵌套调用

函数的嵌套调用是指在一个函数内部调用其他函数。通过函数的嵌套调用，可以将一个复杂的问题分解成多个简单的子问题，每个子问题由一个独立的函数来解决。这样做不仅有利于代码的组织和管理，还可以提高代码的可维护性和可扩展性。

例 6-15　编写两个函数，一个名为 inner_function 的内部函数，用于返回一个字符串"这是内部函数"；另一个名为 outer_function 的外部函数，它调用 inner_function 并返回其结果。

```
def inner_function():
    return "这是内部函数"
def outer_function():
    result = inner_function()
    return result

# 调用函数
print(outer_function())
```

执行结果如下：

```
这是内部函数
```

说明：在上面的示例中，outer_function()函数内部调用了 inner_function()函数，通过调用 inner_function()函数并返回其结果，实现了函数的嵌套调用。

2. 嵌套调用的主要用途

(1) 代码复用。通过将代码分解成多个函数，可以提高代码的复用性。每个函数可以独立地完成一个任务,然后被其他函数调用。

(2) 逻辑清晰。嵌套调用可以帮助开发者将复杂的问题分解成更小、更易于管理的部分。这使代码的逻辑更加清晰,便于理解和维护。

(3) 模块化。嵌套调用促进了模块化编程,每个函数都可以被视为一个模块,它们可以独立开发和测试。通过将一个大的功能模块化为多个小的子功能,可以在不同的情景下重复利用这些子功能。例如,假设有一个程序需要处理数据,可以将数据读取、处理和存储的功能分别封装成不同的函数,然后在主函数中依次调用这些函数,使得整个程序结构更加清晰。

例 6-16 编写一个程序,该程序模拟了一个数据处理流程,包括读取数据、处理数据和存储数据三个主要步骤。每个步骤都由一个函数完成,主函数 main 负责调用这些函数并按顺序执行整个流程。

```
def read_data():
    # 读取数据的代码
    pass
def process_data(data):
    # 处理数据的代码
    pass
def save_data(processed_data):
    # 存储数据的代码
    pass
def main():
    data = read_data()
    processed_data = process_data(data)
    save_data(processed_data)
main()
```

3. 函数嵌套调用的注意事项

内层函数可以访问外层函数的变量,但是外层函数无法访问内层函数的变量。

例 6-17 编写一个 Python 程序,该程序通过嵌套函数调用来演示变量的作用域。在这个程序中,外层函数 outer_function 定义了一个名为 outer_var 的变量,并在其内部定义了一个名为 inner_function 的内层函数。inner_function 定义了一个新的变量 inner_var,并尝试访问 outer_var。同时,outer_function 尝试访问 inner_var。

```
def outer_function():
    # 外层函数定义了一个变量
    outer_var = "外层函数定义的变量"

    # 定义一个内层函数
    def inner_function():
        # 定义内层函数的变量
        inner_var = "内层函数定义的变量"

        # 内层函数可以访问外层函数的变量
```

```
        print("内层函数访问外层变量:", outer_var)

    # 尝试在外层函数中访问内层函数的变量(将引发错误)
    try:
        print("外层函数访问内层变量:", inner_var)
    except NameError as a:
        print("错误:", a)

    # 调用内层函数
    inner_function()

# 调用外层函数
outer_function()
```

执行结果如下：

```
错误: name 'inner_var' is not defined
内层函数访问外层变量: 外层函数定义的变量
```

说明：如果尝试在 outer_function 中访问 inner_var，则会引发 NameError，因为 inner_var 只在 inner_function 的作用域内可见。

例 6-18　设计一个嵌套函数 calculator()，该函数内部包含 4 个子函数，分别用于执行加法、减法、乘法和除法运算。在 calculator()函数的主循环中，用户可通过输入数字选择期望执行的操作，并输入相应的两个数字作为运算的参数。程序将输出运算结果，并在完成一次运算后退出循环。如果用户输入了无效的操作选项，程序将提示用户输入无效，并要求用户重新输入。

```
def calculator():
    def add(x, y):
        return x + y
    def subtract(x, y):
        return x - y
    def multiply(x, y):
        return x *y
    def divide(x, y):
        if y == 0:
            return "Error: 不允许除以零."
        return x / y

    print("欢迎使用计算器、请选择操作!")
    print("1.加法 2.减法 3.乘法 4.除法")
    while True:
        choice = input("选择操作(1/2/3/4): ")
        if choice in ('1', '2', '3', '4'):
            num1 = float(input("输入第一个数: "))
            num2 = float(input("输入第二个数: "))
            if choice == '1':
```

```
                print(num1, "+", num2, "=", add(num1, num2))
            elif choice == '2':
                print(num1, "-", num2, "=", subtract(num1, num2))
            elif choice == '3':
                print(num1, "*", num2, "=", multiply(num1, num2))
            elif choice == '4':
                print(num1, "/", num2, "=", divide(num1, num2))
            break
        else:
            print("Invalid Input")

# 运行计算器
calculator()
```

运行结果如图 6-4 所示。

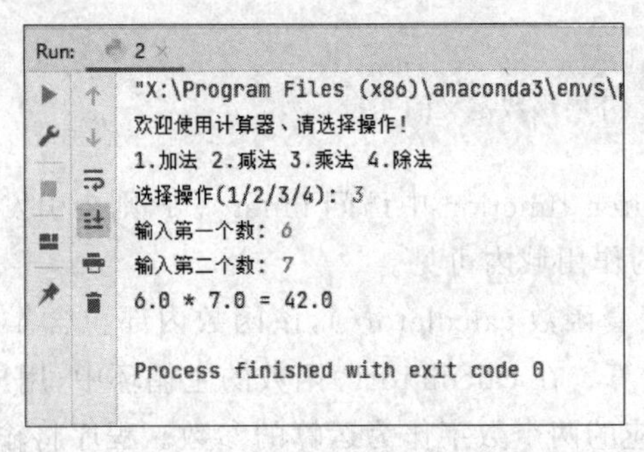

图 6-4　例 6-18 的运行结果

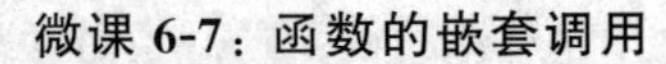
微课 6-7：函数的嵌套调用

6.4.2　函数的递归调用

递归调用是函数编程中的一种常见且强大的技术，它允许函数在执行过程中调用自身。在 Python 中，递归不仅可以简化复杂问题的解决方案，还可以使代码更加优雅和易于理解。然而，递归的使用需要谨慎，以避免无限递归和栈溢出等问题。

1. 递归调用的基本概念

递归调用涉及基本情况和递归步骤两个关键部分。

(1) 基本情况。这是递归调用的终止条件。它定义了一个或多个简单的问题，这些问题可以直接解决，而不需要进一步地递归调用。基本情况是防止无限递归的关键。

(2) 递归步骤。在不满足基本情况的情况下，递归步骤会将问题分解为更小的子问题，并对这些子问题进行递归调用。

阶乘函数是一个经典的递归示例。

```
def factorial(n):
    # 基本情况:0 的阶乘是 1
    if n == 0:
        return 1
    # 递归步骤:n 的阶乘是 n 乘以(n-1)的阶乘
    else:
        return n * factorial(n - 1)

# 测试递归函数
print(factorial(5))  # 输出: 120
```

在这个例子中,factorial()函数计算非负整数 n 的阶乘。当 n 为 0 时,函数返回 1,这是基本情况。对于其他值,函数递归地调用自身,计算 n−1 的阶乘,然后将结果乘以 n。

2. 递归调用的注意事项

(1) 确保有基本情况。没有基本情况的递归函数将永远执行下去,导致无限递归。以下是一个没有基本情况的递归函数示例,这将导致无限递归。

```
def infinite_recursion(n):
    # 错误的递归函数,没有基本情况
    return infinite_recursion(n + 1)
# 调用函数
result = infinite_recursion(1)
```

这个函数会不断地调用自己,因为没有定义基本情况来终止递归。为了避免这种情况,需要添加一个基本情况。

```
def factorial(n):
    # 基本情况:0 的阶乘是 1
    if n == 0:
        return 1
    # 递归步骤:n 的阶乘是 n 乘以(n-1)的阶乘
    else:
        return n * factorial(n - 1)

# 测试递归函数
print(factorial(5))  # 输出: 120
```

在这个修正后的版本中,添加了一个基本情况,当 n 等于 0 时,函数返回 1,从而避免了无限递归。

(2) 避免栈溢出。递归调用会占用栈空间。如果递归深度过大,可能会导致栈溢出。Python 解释器会抛出一个 RecursionError 异常。这个异常的典型信息可能是这样的。

```
RecursionError: maximum recursion depth exceeded in comparison
```

用一个简单的比喻来解释栈这个概念。想象一下,有一个桶,桶的空间有限,只能堆叠一定数量的盘子。当开始叠盘子时，桶里必须留有空间，才可以叠一个新的盘子，这就像计算机中的栈(stack)，它是一种特殊的存储空间，用来临时保存程序运行过程中的一些信息，比如函数调用时的局部变量和返回地址。

栈溢出发生在递归深度非常大时，以下是一个可能导致栈溢出的递归函数。

```
def deep_recursion(n):
    # 没有限制递归深度的函数
    if n > 0:
        deep_recursion(n - 1)

# 尝试调用函数
try:
    deep_recursion(10000)  # 这可能会导致栈溢出
except RecursionError:
    print("栈溢出错误")
```

为了避免栈溢出，可以限制递归深度，或者使用迭代方法。

```
import sys

# 使用迭代方法避免栈溢出
def iterative_sum(n):
    total = 0
    for i in range(n + 1):
        total += i
    return total

# 设置递归深度限制
sys.setrecursionlimit(1000)

# 测试迭代函数
print(iterative_sum(10000))  # 输出: 50005000
```

在这个例子中，通过迭代而不是递归来计算从 1～10000 的整数和，这样可以避免栈溢出的问题。

在 Python 中，可以通过 sys.setrecursionlimit()来增加递归深度的限制，但这并不是解决问题的根本方法。

(3) 考虑性能。递归调用可能会比迭代解决方案更慢，因为每次递归都会涉及函数调用的开销。在可能的情况下，考虑使用迭代或其他优化技术。以下是一个递归函数的例子，它计算列表的和。

```
def recursive_sum(numbers):
    # 基本情况:空列表的和为 0
    if not numbers:
        return 0
    # 递归步骤:当前元素加上剩余列表的和
    else:
```

```
        return numbers[0] + recursive_sum(numbers[1:])

# 测试递归函数
print(recursive_sum([1, 2, 3, 4, 5]))  # 输出: 15
```

为了提高性能,可以使用迭代方法。

```
def iterative_sum(numbers):
    total = 0
    for number in numbers:
        total += number
    return total

# 测试迭代函数
print(iterative_sum([1, 2, 3, 4, 5]))  # 输出: 15
```

在这个例子中,迭代版本的 iterative_sum()函数在性能上通常优于递归版本,因为它避免了函数调用的开销。在实际应用中,应该根据问题的特性和性能要求来选择使用递归还是迭代。

例 6-19　斐波那契数列是一个古老而神奇的数学序列,它的名字源于意大利数学家莱昂纳多·斐波那契(Leonardo Fibonacci),这个数列的特点是每个数字都是前两个数字的和。斐波那契数列的前几个数字是这样的：0，1，1，2，3，5，8，13，21，34，…,以此类推。这个数列在多个领域都有着广泛的应用,比如在优化问题、生物学中的植物生长模式,甚至是金融市场的分析中,都能看到斐波那契数列的身影。尝试编写一个 Python 函数,该函数接受一个整数参数,返回斐波那契数列的第 n 项,并调用它。

```
def fibonacci(n):
    if n <= 0:
        return 0
    elif n == 1:
        return 1
    else:
        return fibonacci(n - 1) + fibonacci(n - 2)

# 调用函数,获取斐波那契数列的第 10 项
print(fibonacci(10))
```

执行结果如下：

```
55
```

例 6-20　编写一个 Python 函数,使用递归的方式计算从 n 个不同元素中选择 k 个元素的组合数。组合数也称为二项式系数,表示在不考虑元素顺序的情况下,从 n 个元素的集合中选择 k 个元素的可能性数量。该函数应该接受两个参数：n 表示元素的总数,k 表示要选择的元素数。函数应该返回组合数的值。

注意：组合数的计算公式是 $C(n,k)=C(n,n-k)$,即从 n 个元素中选择 k 个元素的组合数等于从 n 个元素中选择 $n-k$ 个元素的组合数。此外,根据组合数的性质,当 k 为 0 或

k 等于 n 时,组合数为 1。

```
def combination(n, k):
    # 基本情况:当 k 为 0 或 k 等于 n 时,表示不需要选择任何元素或选择所有元素,这两种情况下
      的组合数都是 1,因此返回 1
    if k == 0 or k == n:
        return 1
    else:
        # 递归步骤:当 k 不等于 0 且 k 不等于 n 时,问题分解为两个子问题
        # 子问题一是:从 n-1 个元素中选择 k-1 个元素的组合数
        # 子问题二是:从 n-1 个元素中选择 k 个元素的组合数
        # 这两个子问题的解相加即为原问题的解
        return combination(n - 1, k - 1) + combination(n - 1, k)

# 测试函数
print(combination(5, 3))
```

执行结果如下:

```
10
```

说明:该例题的基本情况是,当 k 等于 0 或者 k 等于 n 时,表示不需要选择任何元素或者恰好选择所有元素,这两种情况下的选择方式都只有一种,即返回 1。递归情况是,当 k 不等于 0 且 k 不等于 n 时,需要从 n 个元素中选择 k 个元素。这里有两种选择,一是选择第一个元素,然后从剩下的 n－1 个元素中选择 k－1 个元素。这种情况对应于递归调用 combination(n－1,k－1)。二是不选择第一个元素,然后从剩下的 n－1 个元素中选择 k 个元素。这种情况对应于递归调用 combination(n－1,k)。

微课 6-8:函数的递归调用

6.4.3 内置函数

Python 内置函数是 Python 语言提供的一些预定义的函数,它们可以直接使用而无须额外安装。这些函数覆盖了各种常见的操作,如输入/输出、数学运算、字符串处理、类型转换、迭代器、系统操作等。

输入/输出和类型转换函数在项目 2 中已经介绍,如 input()、int();字符串函数在项目 4 中已经介绍,如 len();列表和集合操作函数在项目 5 中已经介绍,如 sort();字典操作函数在项目 7 中具体介绍。

以下再介绍一些其他常用的 Python 内置函数。

1. 数学运算

(1) abs(x)。

功能:返回数字 x 的绝对值。

(2) round(x, n)。

功能：对数字 x 进行四舍五入操作，保留到 n 位小数。这里的 n 是一个非负整数，表示要保留的小数位数。

(3) pow(x, y)。

功能：计算并返回 x 的 y 次幂，即 x 的 y 次方的结果。

(4) max(iterable)。

功能：遍历可迭代对象 iterable 中的所有项，找出并返回其中的最大项。这个函数适用于任何可比较元素的集合，如列表、元组等。

(5) min(iterable)。

功能：遍历可迭代对象 iterable 中的所有项，找出并返回其中的最小项。这个函数亦适用于任何可比较元素的集合，如列表、元组等。

2. 系统相关

(1) exit()。

功能：退出当前运行的程序。这个函数通常在 Python 脚本的特定条件下被调用，以终止程序的执行。

(2) help()。

功能：提供关于 Python 对象的帮助文档信息。该函数可以用于获取无论是内置的还是用户自定义的任何对象(如函数、类、模块或变量)的帮助信息。

```
help(print)          # 获取 print 函数的帮助信息
help(list)           # 获取 list 类的帮助信息
help(max)            # 获取 max 函数的帮助信息
```

这些内置函数为 Python 编程提供了强大的基础支持，使得开发者能够快速实现各种功能。了解和掌握这些函数对于 Python 程序员来说是非常重要的。在实际开发中，合理使用这些内置函数可以提高代码的效率和可读性。

微课 6-9：内置函数

6.4.4 匿名函数

匿名函数在 Python 中是一种简洁地定义小函数的方式。由于它没有正式的函数名，通常用于需要一个函数对象的地方，但又不想(或不需要)使用标准的 def 关键字来定义一个完整的函数。

1. 语法

匿名函数的基本语法格式如下：

```
lambda arguments: expression
```

说明：arguments是传递给函数的参数列表；expression是一个关于这些参数的表达式,该表达式的计算结果将作为函数的返回值。

2. 使用场景

匿名函数通常用在一个需要函数的地方,但又不想定义一个完整的函数。

例6-21 使用lambda表达式实现两个整数的加法。

```
add = lambda x, y: x + y
print(add(5, 3))  # 输出 8
```

在这个例子中,创建了一个匿名函数add,它接受两个参数x和y,并返回它们的和。然后像调用普通函数一样调用这个匿名函数。

注意：

(1) 匿名函数的表达式只能是一个表达式,不能包含多个语句。如果需要多个语句,应该使用普通的函数定义。

(2) 匿名函数是一种强大的工具,它使代码更加简洁和灵活,但应该谨慎使用,以保持代码的可读性和维护性。

微课6-10：匿名函数 

6.5 项目改进

该公益图书角图书管理系统为最初级版本,因此还有许多功能需要补齐,例如：

(1) 用户注册与登录。允许用户创建账户并登录系统,以便访问图书角服务。

(2) 图书管理。允许图书角工作人员添加、编辑、删除和查询图书信息。

(3) 图书归还。用户归还图书时,系统更新图书状态,并计算逾期罚款。

(4) 罚款管理。系统自动计算逾期罚款,并允许用户查询和支付罚款。

6.6 软件开发岗位上大国工匠精神传承

大国工匠精神是指在各自的职业领域内追求极致、精益求精的专业态度和精神,它强调执着专注、一丝不苟、追求卓越的工作理念。

在软件开发岗位上,大国工匠精神的传承体现在对技术精益求精、不断创新和追求卓越的态度。这种精神可以通过以下几个方面来传承和发扬。

(1) 育匠心。培养对软件开发工作的热爱和专注,不断学习和掌握新技术,以匠人的心态对待每一行代码、每一个项目。

(2) 铸匠魂。将工匠精神内化于心,外化于行,使之成为软件开发者的职业操守和文化内涵。

(3) 守匠情。保持对软件开发的热情和坚持,即使在面对困难和挑战时也不放弃,持续提供高质量的软件产品。

(4) 行匠行。在日常工作中,以高标准要求自己,注重团队合作,互相学习,共同进步,形成良好的工作习惯和团队文化。

通过参与重大软件项目的开发,如艾爱国大师在不同重大工程中所作的贡献一样,软件开发者可以在实战中提升自己的技术水平和解决问题的能力,同时也为行业的发展作出自己的贡献。

大国工匠精神在软件开发岗位上的传承,不仅是对个人职业素养的提升,也是对整个行业健康发展的推动。通过不断学习和实践,软件开发者可以将这种精神转化为推动技术进步和服务社会的强大动力。

练 一 练

1. 编写一个名为 safe_divide 的函数,它接受两个参数 a 和 b,并返回 a/b 的结果。但是,如果 b 为 0,函数应该返回 None 并打印一条错误消息,提示用户除数不能为 0。

2. 编写一个 Python 函数 calculate_area(),该函数接受一个参数 radius,表示圆的半径,并返回圆的面积。使用这个函数计算半径为 5 的圆的面积。

3. 设计一个 Python 函数 custom_sort_search(),该函数接受一个未排序的整数列表 nums 和一个目标值 target。函数应该实现以下功能。

(1) 对列表 nums 进行升序排序,但不允许使用 Python 内置的排序函数。

(2) 在排序后的列表中搜索 target 的索引。如果 target 不在列表中,返回−1。

(3) 如果列表中有多个 target,返回第一个出现的索引。

测 一 测

扫码进行项目 6 在线测试。

项目7　校园热点话题统计

学习目标

知识目标：

1. 理解字典和集合的基本概念和特点。
2. 掌握字典的创建、访问和修改等操作方法。
3. 掌握集合的添加、删除和运算等操作方法。
4. 熟悉字典和集合的常见用法和应用场景。

技能目标：

1. 能够创建字典和集合并对其进行基本操作。
2. 能够根据应用场景遍历字典。
3. 能够根据应用场景使用集合。

素质目标：

1. 培养识别和分析问题，提出合理方法，解决实际问题的能力。
2. 培养数据处理、数据分析以及用数据辅助决策的能力。
3. 关注热点话题，关爱弱势群体。

7.1　项目情景

为了让学生能直接向学校表达想法、提出建议及反馈问题，以便教师和管理层更精准地把握学生需求与期望，某高校特在学校官方网站上设立了“学生之声”专栏。学生通过该栏目可以反馈各种问题及提出相关建议。为全面及时掌握学生关注的热点话题，现需要开发一个程序进行热点话题统计。定位热点话题，为学校的决策提供有效依据，确保学校政策和措施更加贴近学生实际需求。此程序通过学生的积极参与，可以丰富校园文化生活，促进校园精神文明建设。

基于对该项目的需求分析，项目经理列出需要完成的任务清单，如表7-1所示。

表7-1　项目7任务清单

任务序号	任务名称	知识储备
T7-1	校园热点话题统计	• 字典的概念 • 字典的创建 • split()函数的应用 • 程序开发及运行

7.2　相关知识

7.2.1　字典的概念

字典(dictionary)是可变的、保存的内容是以"键—值"对的形式存储的序列。

怎么去理解 Python 中的字典呢？以《新华字典》为例，在《新华字典》中通过拼音或者部首，我们可以快速地查到对应的文字和解释。对应 Python 中的字典，《新华字典》里的拼音或者部首相当于 Python 中字典的键(key)，而对应的汉字和解释相当于 Python 中字典的值(value)。键是唯一的，而值可以有多个。键及其关联的值称为"键—值"对。

字典的主要特征如下。

(1) 通过键而不是通过索引来读取。字典有时也称为关联数组或者散列表(hash)。它是通过键将一系列的值联系起来，这样就可以通过键从字典中获取指定项，而不是通过索引来获取。

(2) 字典是可变的，并且可以任意嵌套。字典可以在原处增长或者缩短，并且它支持任意深度的嵌套(即它的值可以是列表或者其他的字典)。

(3) 字典中的键必须唯一。一个字典中不允许同一个键出现两次，如果出现两次，则后一个值会被记住。

(4) 字典中的键必须不可变。字典中的键是不可变的，所以可以使用数字、字符串或者元组，但不能使用列表。

与列表、元组一样，字典也有它自己的类型。在 Python 中，字典的数据类型为 dict，通过 type()函数即可查看：

```
student = {'name': "Alice", 'Age': 20, 'Sex': '女'}  # student 是一个字典类型
print(type(student))
```

运行结果如下：

```
<class 'dict'>
```

7.2.2　字典的创建

在定义字典时，每个元素都包含了键(key)和值(value)两部分，并且在"键"和"值"之间使用半角冒号":"分隔，一个"键—值"对代表一个元素，相邻两个元素使用半角逗号","分离，所有的元素都放在一个大括号"{}"中，语法格式如下：

```
dictionary = {'key1':'value1', 'key2':'value2', ..., 'keyn':'valuen'}
```

其中，相关的参数值含义如下。

(1) dictionary：表示字典名称。

(2) key1，key2，…，key*n*：表示元素的键,必须是唯一的,并且不可变,例如可以是字符串、数字或者元组。

(3) value1，value2，…，value*n*：表示元素的值,可以是任何数据类型,不是必须唯一。

例 7-1 编写代码"创建字典"。

```
dict1 = {"张三": 24, "李四": 23}  # 直接创建
print(dict1)
```

运行结果如下：

```
{'张三': 24, '李四': 23}
```

微课 7-1：字典的创建

7.2.3 字典的常用操作

Python 中字典有一些常见操作,使用这些操作可以有效地对字典进行增、删、改、查等操作。定义一个字典,字典名字为 my_dic,代码如下：

```
my_dict = {"name": "小明", "age": 18, "no": "007"}
```

1. 查看元素(通过 key 获取 value)

```
value = my_dict["no"]
print(value)
```

运行结果如下：

```
007
```

2. 修改元素

如果 key 存在,那么会修改 key 对应的 value。

如果 key 不存在,那么将把这个键—值对添加到字典中。

```
# key 存在
my_dict["age"] = 19
print(my_dict)
```

运行结果如下：

```
{'name': '小明', 'age': 19, 'no': '007'}
# key不存在
my_dict["test"] = "测试"
print(my_dict)
```

运行结果如下：

```
{'name': '小明', 'age': 19, 'no': '007', 'test': '测试'}
```

3. 删除元素

(1) 用 del 语句来删除字典中指定的元素。语法格式如下：

```
del 字典名[key] 删除元素(key-value)
```

例如：

```
del my_dict[ "name"]
print(my_dict)
```

运行结果如下：

```
{'age': 18, 'no': '007'}
```

(2) 用 clear()方法清空字典中所有的元素。

```
my_dict.clear()
# 等价于{ }
print(my_dict)
```

运行结果如下：

```
{ }
```

除了上面介绍的方法可以删除字典元素，还可以使用字典对象的 pop()方法删除并返回指定“键”的元素，以及使用字典对象的 popitem()方法随机删除并返回字典中的一个元素。

4. 计算元素的个数 len(字典名)

Python 字典的元素个数可以使用内置函数 len()来计算，len()函数的语法格式如下：

```
len(字典名)
```

例如：

```
m = len(my_dict)
print(m)
```

运行结果如下：

```
3
```

5. 返回一个包含字典所有 key 的列表：字典名.keys()

```
keys_list = my_dict.keys()
print(list(keys_list))
```

运行结果如下：

```
['name', 'age', 'no']
```

6. 返回一个包含字典所有 value 的列表

```
values_list = my_dict.values()
print(list(values_list))
```

运行结果如下：

```
['小明', 18, '007']
```

7. 返回一个包含所有(键、值)元组的列表

```
items_list = my_dict.items()
print(list(items_list))
```

运行结果如下：

```
[('name', '小明'), ('age', 18), ('no', '007')]
```

8. 判断 key 是否存在

Python 中字典 in 操作符用于判断键是否存在于字典中，如果键在字典中则返回 True，否则返回 False。in 表示存在，not in 表示不存在。例如：

```
if "name" in my_dict:
print( "name存在")
```

运行结果如下：

```
name存在
```

9. get()方法

在 Python 中,get()方法用于从字典中获取指定键的值。如果键不存在,则可以返回一个默认值,这样可以避免在键不存在时引发 KeyError 异常。

语法格式 1:

```
字典名.get(key)
```

如果 key 存在,得到 value;如果 key 不存在,得到 None,表示没有找到。例如:

```
ret = my_dict.get("gender")
print(ret)
```

运行结果如下:

```
None
```

语法格式 2:

```
字典名.get(key,value1)
```

如果 key 存在,得到 value;如果 key 不存在,得到 value1,不会对字典进行任何操作。例如:

```
ret = my_dict.get("name1", "哈哈")
print(ret)
print(my_dict)
```

运行结果如下:

```
哈哈
{'name': '小明', 'age': 18, 'no': '007'}
```

get()方法与直接使用 dict[key]访问元素相比,提供了更安全的方式来处理可能不存在的键。

10. 字典的遍历

遍历字典时,可以用 keys()方法来获取所有键,用 values()方法来获取所有值,以及用 items()方法来获取键值对。

(1) 遍历 key。

```
for key in my_dict.keys():
    print(key)
```

运行结果如下:

```
name
age
no
```

(2) 遍历 value。

```
for value in my_dict.values():
    print(value)
```

运行结果如下:

```
小明
18
007
```

(3) 遍历 items。

```
for item in my_dict.items():
    print(item)
```

运行结果如下:

```
('name', '小明')
('age', 18)
('no', '007')
```

(4) 通过 items 得到对应的 key、value。

```
for key,value in my_dict.items():
    print(key, value)
```

运行结果如下:

```
name 小明
age 18
no 007
```

例 7-2 使用字典存储学生的成绩信息,计算所有学生的平均成绩,并找出了最高分和最低分的学生。

```
# 创建一个空字典
student_scores = {}

# 添加学生及其成绩
student_scores['张三'] = 90
student_scores['李四'] = 85
student_scores['王五'] = 92
```

```
# 打印所有学生的成绩
for student, score in student_scores.items():
    print(f"{student}的成绩是{score}")

# 计算平均成绩
average_score = sum(student_scores.values()) / len(student_scores)
print(f"平均成绩是{average_score}")

# 找出最高分和最低分的学生
max_score = max(student_scores, key=student_scores.get)
min_score = min(student_scores, key=student_scores.get)
print(f"最高分的学生是{max_score},分数是{student_scores[max_score]}")
print(f"最低分的学生是{min_score},分数是{student_scores[min_score]}")
```

运行结果如下：

```
张三的成绩是 90
李四的成绩是 85
王五的成绩是 92
平均成绩是 89.0
最高分的学生是王五,分数是 92
最低分的学生是李四,分数是 85
```

微课 7-2：字典的常用操作

7.2.4　集合的概念与创建

在 Python 语言中,集合类型有可变集合(set)、不可变集合(frozenset)两类。

当集合对象会被改变时(例如添加、删除元素等),只能使用可变集合。一般来说使用不可变集合的地方都可以使用可变集合。本小节只讨论可变集合。

集合是一个无序不重复元素的集。同时集合的元素是不可变数据类型,因此可变集合不能作为另一个可变集合的元素。

可以使用半角大括号“{}”创建集合,元素之间使用半角逗号“,”分隔,或者也可以使用 set()函数创建集合。

创建格式如下：

```
parame = {value01,value02,...}
```

或者

```
set(value)
```

以下是一个简单实例。

```
set1 = {1, 2, 3, 4}              # 直接使用大括号创建集合
set2 = set([4, 5, 6, 7])         # 使用 set() 函数从列表创建集合
```

注意:创建一个空集合必须用 set()函数,不能使用大括号"{}",因为"{}"要用来创建一个空字典。

set 集合类需要的参数必须是迭代器类型的,如序列、字典等,然后转换成无序不重复的元素集。由于集合是不重复的,所以可以对字符串、列表、元组进行去重操作。

7.2.5 集合的常用操作

1. 添加元素

在 Python 中,向集合添加元素时,add()和 update()方法都是常用的手段,但它们在使用上有明显的区别。

(1) add()方法。add()方法用于向集合中添加单个元素。如果元素已存在于集合中,则不会再次添加。

语法格式如下:

```
s.add( x )
```

以下代码将元素 x 作为一个整体添加到集合 s 中。

```
s = set('one')
print(s)
s.add('two')
print(s)
```

运行结果如下:

```
{'n', 'o', 'e'}
{'n', 'o', 'two', 'e'}
```

(2) update()方法。update()方法用于向集合中添加多个元素,这些元素可以来自一个可迭代的对象,如列表、元组、集合、字典等。如果元素已存在于集合中,则不会重复添加。

语法格式如下:

```
s.update ( x )
```

将元素 x 拆分成单个字符,存于集合 s 中,并去掉重复的字符。

```
s = set('one')
print(s)
s.update('two')
print(s)
```

运行结果如下：

```
{'e', 'o', 'n'}
{'n', 'e', 'o', 'w', 't'}
```

2. 删除元素

集合的删除操作也有两种方法，分别是 remove()方法和 discard()方法。但是它们在删除元素时也是有区别的。

(1) remove()方法。

语法格式如下：

```
s.remove( x )
```

以下代码将元素 x 从集合 s 中移除，如果元素不存在，则会发生错误。

```
s = set('one')
print(s)
s.remove('e')
print(s)
```

运行结果如下：

```
{'o', 'n', 'e'}
{'o', 'n'}
```

(2) discard()方法。

语法格式如下：

```
s.discard( x )
```

以下代码将元素 x 从集合 s 中移除，如果元素不存在，不会发生错误。

```
sList = set([1, 2, 3, 4, 5])
sList.discard(1)
print(sList)
```

运行结果如下：

```
{2, 3, 4, 5}
```

3. 计算集合元素个数

语法格式如下：

```
len(s)
```

计算集合 s 元素的个数。

4. 清空集合

语法格式如下：

```
s.clear()
```

清空集合 s。

5. 判断元素是否在集合中存在

语法格式如下：

```
x in s
```

判断元素 x 是否在集合 s 中，存在则返回 True，不存在则返回 False。

6. 集合的操作符

既然是集合，那就会遵循集合的一些操作方法，如求交集、并集（合集）、差集等。

(1) 交集。求集合的交集使用的符号是“&”，结果是返回两个集合的共同元素的集合，即集合的交集。例如：

```
st1 = set('python')
print(st1)
st2 = set('htc')
print(st2)
print(st1 & st2)
```

运行结果如下：

```
{'t', 'y', 'p', 'h', 'n', 'o'}
{'c', 't', 'h'}
{'h', 't'}
```

例 7-3 找出两个列表中的共同元素。

```
list1 = [1, 2, 3, 4, 5]
list2 = [4, 5, 6, 7, 8]
set1 = set(list1)
set2 = set(list2)
intersection = set1 & set2
print(intersection)
```

运行结果如下：

```
{4, 5}
```

（2）并集（合集）。求集合的并集用的是符号“|”，返回的是两个集合所有的去掉重复元素的集合。

```
st1=set(['h', 'o', 'n', 'p', 't', 'y'])
st3=set('two')
print(st3)
print(st1 | st3)
```

运行结果如下：

```
{'w', 'o', 't'}
{'w', 'o', 't', 'p', 'y', 'h', 'n'}
```

例 7-4　过滤掉两个列表中的重复元素。

```
list1 = [1, 2, 3, 4, 5]
list2 = [4, 5, 6, 7, 8]
set1 = set(list1)
set2 = set(list2)
unique_elements = set1 | set2
print(unique_elements)
```

运行结果如下：

```
{1, 2, 3, 4, 5, 6, 7, 8}
```

（3）差集。Python 中差集使用的符号是减号“－”，返回的结果是在集合 st1 中但不在集合 st2 中的元素的集合。

```
st1=set(['1', '3', '2', '5', '4', '7', '6'])
st2 = set('4589')
print(st2)
print(st1 - st2)
```

运行结果如下：

```
{'4', '5', '8', '9'}
{'3', '6', '7', '2', '1'}
```

例 7-5　过滤掉一个列表中与另一个列表相同的元素。

```
list1 = [1, 2, 3, 4, 5]
list2 = [4, 5, 6, 7, 8]
set1 = set(list1)
set2 = set(list2)
```

```
unique_elements = set1 - set2
print(unique_elements)
```

运行结果如下：

```
{1, 2, 3}
```

此外,集合可以使用大于(>)、小于(<)、大于或等于(>=)、小于或等于(<=)、等于(==)、不等于(!=)来判断某个集合是否完全包含于另一个集合。

微课 7-3：集合的创建与操作

7.2.6 字典推导与集合推导

推导式(又称解析器)是 Python 独有的一种特性。与列表、元组一样,使用推导式可以快速生成字典以及集合类型的数据,因此推导式除了列表推导式、元组推导式,还有字典推导式以及集合推导式。

1. 字典推导式

字典推导式是一种通过对迭代器中的每个元素应用表达式来构建新字典的方法。字典推导式可以从任何以“键—值”对作为元素的可迭代对象中构建出字典。它将循环和条件判断结合,从而避免语法冗长的代码,提高代码运行效率,并使代码更可读。

字典推导式基本语法格式如下：

```
{键表达式:值表达式  for  元素 x  in  序列  if  条件]}
```

说明：将序列中满足条件的元素,按键、值表达式进行计算,结果追加到新字典中。

注意：if 条件可有可无。

例 7-6 使用字符串'Google'、'Runoob'、'Taobao'及其长度创建字典。

```
listdemo = ['Google','Runoob', 'Taobao']
# 将列表中各字符串值为键,各字符串的长度为值,组成键—值对
newdict = {key:len(key) for key in listdemo}
print(newdict)
```

运行结果如下：

```
{'Google': 6, 'Runoob': 6, 'Taobao': 6}
```

例 7-7 提供 3 个数字,以 3 个数字为键,以 3 个数字的平方为值来创建字典。

```
x=int(input("请输入第一个数:"))
y=int(input("请输入第二个数:"))
z=int(input("请输入第三个数:"))
dic = {n: n **2 for n in (x, y, z)}
print(dic)
print(type(dic))
```

运行结果如下：

```
请输入第一个数:2
请输入第二个数:4
请输入第三个数:6
{2: 4, 4: 16, 6: 36}
<class 'dict'>
```

微课 7-4：字典推导式

2. 集合推导式

集合推导式是构建集合的一种快捷方式，新集合的元素为另一序列中的元素经过指定运算后的值。

集合推导式基本语法格式如下：

```
{新集合元素表达式 for 元素 x in 序列 if 条件}
```

说明：将序列中满足条件的元素按新集合元素表达式进行计算，结果追加到新集合中。

注意：if 条件可有可无。

例 7-8　计算数字 1、2、3 的平方数。

```
setnew = {i **2 for i in (1,2,3)}
print(setnew)
```

运行结果如下：

```
{1, 4, 9}
```

例 7-9　判断不是 a、b、c 的字母并输出。

```
a = {x for x in 'abracadabra' if x not in 'abc'}
print(a)
print(type(a))
```

运行结果如下：

```
{'d', 'r'}
<class 'set'>
```

微课 7-5：集合推导式

7.3 项目实现

该项目包含一个任务,任务序号是 T7-1,任务名称是校园热点话题统计。

7.3.1 分析与设计

1. 需求分析

校园热点话题统计实现的是词频统计功能,统计出一段文本中的话题出现的频率。

该项目需要输入话题内容,保存到变量 s 中；每个话题通过 split()函数将话题分隔开后存放在列表 topics 中；定义一个函数 count_topics 来计算每个话题出现次数,创建一个字典 topic_counts 来存储每个话题及其出现对应的次数,通过遍历这个列表 topics,如果该话题已经存在字典中,则将其次数加 1；如果话题不存在于字典中,则添加到字典并且出现次数初始化为 1。根据出现次数从高到低排序,最后输出热点话题统计结果。

2. 流程设计

根据项目需求分析画出项目流程设计图,用于可视化展示项目的各个阶段、任务及其依赖关系,校园热点话题统计流程图如图 7-1 所示。

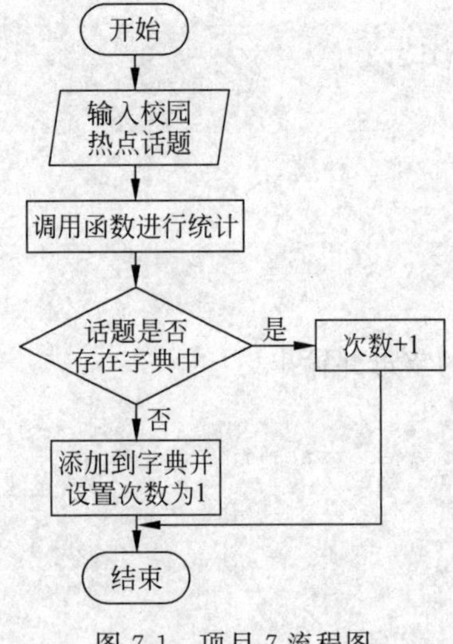

图 7-1 项目 7 流程图

7.3.2　代码编写

该项目任务名称是校园热点话题统计，输入所有校园话题，统计出校园话题中的各话题出现的频率。项目源代码如下：

```
# 输入所有话题
s = input("请输入话题(用空格隔开):")
# 将输入话题文本按空格分隔成话题列表
topics = list(s.split(" "))

# 定义一个函数,用来计算话题次数
def count_topics(topics):
    topic_counts = {}                    # 创建一个字典来存储每个话题及其出现对应的次数
    for topic in topics:
        if topic in topic_counts:
            topic_counts[topic] += 1 # 如果该话题已经存在字典中,则将其次数加 1
        else:
            topic_counts[topic] = 1  # 如果该话题不在字典中,则添加到字典并设置初始值为 1
    return topic_counts

# 调用函数进行统计
result = count_topics(topics)
# 根据出现次数从高到低排序
sorted_counter = dict(sorted(result.items(), key=lambda x: x[1], reverse=True))

# 打印统计结果
print("校园热门话题及其出现次数:")
for topic, count in sorted_counter.items():
    print(f"{topic}: {count}次")
```

7.3.3　运行并测试

(1) 使用 Run 命令运行项目，如有错误，则先调试、修改错误，如图 7-2 所示。

图 7-2 的运行错误显示 topic_counts(topic)为无效字符，说明其数据类型有错误，字典中是通过“字典名称[键名称]”格式来访问对应的值，因此应修改为 topic_counts[topic]。

(2) 修改所有错误，再次运行，如图 7-3 所示。

```
pythonProject
  venv
  6-1.py
  main.py
外部库
临时文件和控制台

1  #输入所有话题
2  s=input("请输入话题(用空格隔开)：")
3  # 将输入话题文本按空格分隔成话题列表
4  topics=s.split(" ")
5  #定义一个函数，用来计算话题次数
6  def count_topics(topics):
7      topic_counts = {} # 创建一个字典来存储每个话题及其出现对应的次数
8      for topic in topics:
9          if topic in topic_counts:
10             topic_counts（topic） += 1 # 如果该话题已经存在字典中，则将其次数加1
11         else:
12             topic_counts（topic） = 1 # 如果该话题不在字典中，则添加到字典并设置初始值为1
13     return topic_counts
14 # 调用函数进行统计
15 result = count_topics(topics)
16 # 根据出现次数从高到低排序
17 sorted_counter = dict(sorted(result.items(), key=lambda x: x[1], reverse=True))
18 # 打印统计结果print("校园热点话题统计：")
19 print("热门话题及其出现次数：")

运行:  6.1 ×   6-1 ×
D:\Python\python.exe E:\pythonProject\6-1.py
  File "E:\pythonProject\6-1.py", line 10
    topic_counts（topic） += 1 # 如果该话题已经存在字典中，则将其次数加1
                 ^
SyntaxError: invalid character in identifier
```

图 7-2　项目运行并测试

```
D:\Python\python.exe E:\pythonProject\6-1.py
请输入话题(用空格隔开)：天气真好 羽毛球 音乐会 郊游 篮球 音乐会 游泳 摄影 羽毛球 篮球 艺术文化节 篮球 足球 马拉松 羽毛球 艺术文化节 摄影 图书馆 音乐会 羽毛球 游泳
热门话题及其出现次数：
羽毛球：4次
音乐会：3次
篮球：3次
游泳：2次
摄影：2次
艺术文化节：2次
天气真好：1次
郊游：1次
足球：1次
马拉松：1次
图书馆：1次

进程已结束，退出代码0
```

图 7-3　项目运行结果

小记录：

你在程序生成过程中发现________个错误，错误内容如下。

____

____

____

____

大发现：

____

____

微课 7-6：项目 7 实现 

职业素养提升

(1) 探索实现数据可视化。使用数据可视化库(如 Matplotlib、Seaborn 等)将统计结果以图表的形式展示,使得数据更加直观易懂,提高用户体验。

(2) 探索实现实时更新。通过爬虫技术实时获取校园热点话题数据,保证统计结果的时效性。

(3) 探索实现个性化推荐。根据用户的兴趣和行为,为用户推荐相关的热点话题,提高用户的参与度和满意度。

(4) 探索实现交互式界面。设计一个交互式的用户界面,让用户可以更方便地查询和浏览热点话题统计数据。

(5) 探索实现多维度分析。从不同的角度(如时间、地点、人物等)对热点话题进行多维度分析,提供更全面的信息。

(6) 探索实现情感分析。对热点话题中的文本内容进行情感分析,了解话题的情感倾向,为学校和学生提供更有价值的信息。

(7) 探索实现话题追踪。对某个热点话题进行持续追踪,分析其发展趋势和变化情况。

(8) 探索实现社交网络分析。利用图论和社交网络分析方法分析热点话题在社交网络中的传播路径和影响力。

通过将这些创新元素融入校园热点话题统计项目,可以提高项目的实用性和趣味性,吸引更多用户参与和使用。这些创新元素也有助于培养读者的创新能力和实践能力。

7.4 知识拓展

7.4.1 字典内置方法

字典有着类似列表的高灵活度的特点,而与列表通过偏移索引的存取元素的方式不同,字典是通过无序的键来存取键值对的,即字典是任意对象的集合,可在原处增加或减少,且支持任意深度的嵌套(即可以包含诸如列表,其他的字典等)。下面介绍 Python 提供的除上述讲解外其他的字典内置方法,具体参见表 7-2 中的字典内置方法。

表 7-2　字典内置方法

序号	方　法	描　述
1	dict. copy()	返回一个字典的浅复制
2	dict. fromkeys(seq[, val])	创建一个新字典,以序列 seq 中元素作字典的键; val 为字典所有键对应的初始值,默认为 None
3	dict. has_key(key)	如果键在字典 dict 里则返回 true,否则返回 false Python 3. X 里不包含 has_key()函数,被 __contains__(key)替代

续表

序号	方　法	描　述
4	dict. setdefault(key, default=None)	与 get()方法类似，但如果键不存在于字典中，将会添加键并将值设为 default
5	dict. update(dict2)	把字典 dict2 的键—值对更新到 dict 里
6	pop(key[,default])	删除字典给定键 key 所对应的值，返回值为被删除的值，并且 key 值必须给出，否则返回 default 值
7	popitem()	返回并删除字典中的最后一对键和值

例 7-10　身高字典 dict1＝{'张明':180,'李虎':175,'王刚':178,'董亮':183,'杜飞':173}，利用 pop()方法删除字典中李虎信息，写出相关代码。

```
dict1 = {'张明':180,'李虎':175,'王刚':178,'董亮':183,'杜飞':173}
dict1.pop('李虎')
print (dict1)
```

运行结果如下：

```
字典中是否存在李明：False
```

例 7-11　利用 fromkeys 创建一个新字典 A，键为数字 1～100，对应所有值都为'hello'。

```
A = dict.fromkeys(range(100),'hello')
print(A)
```

运行结果如图 7-4 所示。

```
D:\Python\python.exe E:\pythonProject\6.8.py
{0: 'hello', 1: 'hello', 2: 'hello', 3: 'hello', 4: 'hello', 5: 'hello', 6: 'hello', 7: 'hello', 8: 'hello', 9: 'hello', 10: 'hello', 11: 'hello', 12: 'hello',
 13: 'hello', 14: 'hello', 15: 'hello', 16: 'hello', 17: 'hello', 18: 'hello', 19: 'hello', 20: 'hello', 21: 'hello', 22: 'hello', 23: 'hello', 24: 'hello', 25:
 'hello', 26: 'hello', 27: 'hello', 28: 'hello', 29: 'hello', 30: 'hello', 31: 'hello', 32: 'hello', 33: 'hello', 34: 'hello', 35: 'hello', 36: 'hello', 37:
 'hello', 38: 'hello', 39: 'hello', 40: 'hello', 41: 'hello', 42: 'hello', 43: 'hello', 44: 'hello', 45: 'hello', 46: 'hello', 47: 'hello', 48: 'hello', 49:
 'hello', 50: 'hello', 51: 'hello', 52: 'hello', 53: 'hello', 54: 'hello', 55: 'hello', 56: 'hello', 57: 'hello', 58: 'hello', 59: 'hello', 60: 'hello', 61:
 'hello', 62: 'hello', 63: 'hello', 64: 'hello', 65: 'hello', 66: 'hello', 67: 'hello', 68: 'hello', 69: 'hello', 70: 'hello', 71: 'hello', 72: 'hello', 73:
 'hello', 74: 'hello', 75: 'hello', 76: 'hello', 77: 'hello', 78: 'hello', 79: 'hello', 80: 'hello', 81: 'hello', 82: 'hello', 83: 'hello', 84: 'hello', 85:
 'hello', 86: 'hello', 87: 'hello', 88: 'hello', 89: 'hello', 90: 'hello', 91: 'hello', 92: 'hello', 93: 'hello', 94: 'hello', 95: 'hello', 96: 'hello', 97:
 'hello', 98: 'hello', 99: 'hello'}

进程已结束,退出代码0
```

图 7-4　运行结果

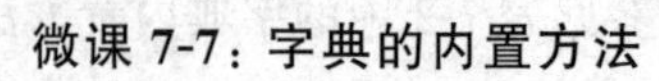
微课 7-7：字典的内置方法

7.4.2　字典和集合的对比

字典和集合是两种数据结构，它们有很多相似之处，但也有一些重要的区别。

(1) 元素是否唯一。字典的键必须是唯一的，但是值可以相同；而集合中的元素必须是唯一的，不能有重复。

(2) 可变性。字典是可变的,也就是说我们可以添加、删除、修改字典中的“键—值”对;而集合也是可变的,我们可以添加、删除集合中的元素。

(3) 是否有序。字典中的元素是有序的,可以通过键来访问值;而集合中的元素也是无序的,但是我们可以通过遍历来访问它们。

注意:在 Python 3.7+中,字典被确定为有序(在版本 3.6 中,字典有序是一个实现细节,在版本 3.7 才正式成为语言特性,因此版本 3.6 中无法完全确保其有序性),而版本 3.6 之前是无序的。

微课 7-8:字典与集合的对比

7.5 项目改进

你对该项目满意吗?你对该项目运行的结果满意吗?你可以对该项目提出改进与完善的要求并当你有能力时实现它。

输出结果时,能否根据话题出现的次数显示前 5 项校园热点话题?如图 7-5 所示。

```
D:\Python\python.exe E:\pythonProject\6-1.py
请输入话题(用空格隔开):天气真好 羽毛球 音乐会 郊游 篮球 音乐会 游泳 摄影 羽毛球 篮球 艺术文化节 篮球 足球 马拉松 羽毛球 艺术文化节 摄影 图书馆 音乐会 羽毛球 游泳
热门话题Top5:
1. 羽毛球: 4次
2. 音乐会: 3次
3. 篮球: 3次
4. 游泳: 2次
5. 摄影: 2次

进程已结束,退出代码0
```

图 7-5　前 5 项校园热点话题

7.6 中华人民共和国数据安全法

《中华人民共和国数据安全法》于 2021 年 6 月 10 日通过,是数据领域的基础性法律,也是国家安全领域的重要法律之一。它旨在保障数据安全,促进数据的发展应用,保护组织和个人的合法权益,并推动数字经济的发展。数据安全法强调了数据处理的合法性、正当性和必要性,确保数据活动全过程的管理和监督。

具体来说,数据安全法规定了一系列数据处理的原则和规则,包括:①合法原则,数据的收集、存储、处理、传输等活动必须遵守国家法律法规;②正当原则,数据处理的目的应当明确且合理,不得超出预定目的进行数据处理;③必要原则,数据的收集和处理应当限于实现目的所必需的范围内,不得过度收集或处理;④透明原则,应当向数据主体告知数据收集的目的、方式和范围等信息,并获得其同意;⑤保密原则,对于涉及国家秘密、商业秘密和个人隐私的数据,应当采取严格的保密措施;⑥责任原则,数据运营者应当承担起保护数据安全的责任,建立健全数据安全管理制度。

数据安全法还规定了数据主体的权利,如知情权、选择权等,以及违反法律规定时可能面临的法律责任。对于软件开发、使用的企业和组织而言,了解和遵守数据安全法的要求是非常重要的,这有助于建立良好的数据治理结构,防范数据安全风险,同时也是对个人隐私权和社会公共利益的保护。

练 一 练

已知如下列表(students)中保存了6名学生的信息,根据要求完成下面的题目。

students =[{'name': '小花', 'age': 19, 'score': 92, 'gender': '女', 'tel': '15300022839'},
{'name': '明明', 'age': 20, 'score': 40, 'gender': '男', 'tel':'15300022838'},
{'name': '华仔', 'age': 18, 'score': 90, 'gender': '女', 'tel':'15300022839'},
{'name': '静静', 'age': 16, 'score': 94, 'gender': '不明', 'tel':'15300022428'},
{'name': 'Tom', 'age': 17, 'score': 59, 'gender': '不明', 'tel':'15300022839'},
{'name': 'Bob', 'age': 18, 'score': 98, 'gender': '男', 'tel':'15300022839'}]

使用循环遍历知识点,完成以下操作。

(1) 统计不及格学生的个数。

(2) 打印不及格学生的名字和对应的成绩。

(3) 统计未成年学生的个数。

(4) 打印手机尾号是8的学生的名字。

(5) 打印最高分和获得最高分学生的名字。

(6) 删除性别不明的所有学生。

(7) 将列表按学生成绩从小到大排序。

测 一 测

扫码进行项目7在线测试。

项目 8　天气预报应用程序

学习目标

知识目标：

1. 知道模块和包的概念。
2. 掌握模块和包的使用方法。
3. 了解内置标准模块与自定义模块方法。

技能目标：

1. 能够熟练使用内置标准模块。
2. 在项目开发中能够自定义模块。

素质目标：

1. 培养服务意识，提升程序在功能和用户体验上的吸引力。
2. 培养持续学习的能力，随时更新和改进程序，以适应新的技术和用户需求。
3. 培养以人民为中心的服务意识，强调科技应用于民生改善的重要性。

8.1　项目情景

某户外活动平台是一个专门为用户提供各种户外活动信息、组织和参与户外活动的网络平台，该平台需要天气数据来增强用户体验、提供决策支持或进行自动化处理，计划嵌入一个天气预报应用程序，以提升平台的实用性和专业性。

该软件的核心功能是能够实时获取当前的天气状况，包括温度、湿度、风速等信息，以帮助用户计划活动。基于对该项目的需求分析，项目经理列出需要完成的任务清单如表 8-1 所示。

表 8-1　项目 8 任务清单

任务序号	任务名称	知识储备
T8-1	天气预报应用程序	• 模块的概念 • 模块的导入 • 内置标准模块 • 包的概念 • 包的发布

8.2 相关知识

8.2.1 模块的概念

模块是 Python 程序设计中的一个重要概念,它是指一个包含 Python 代码的文件,通常以“.py”作为文件扩展名。模块可以包含变量、函数、类等 Python 元素,有助于组织和管理代码。

通过模块化的方式编写代码,能够将功能相关的代码放置在一个文件中,使得代码结构更加清晰,易于理解和维护。这种方式不仅降低了程序的复杂度,还提高了代码的可重用性。每个模块可以包含各种 Python 元素,包括但不限于变量、函数、类等。这些元素可以在模块内部使用,并且也可以在其他应用程序中被导入和使用。

每个模块都有自己的命名空间,其中定义的变量、函数、类等元素在模块外部不会产生冲突。这样可以避免命名冲突,提高代码的可维护性。

8.2.2 模块的导入

Python 提供了多种不同的方式来导入模块,下面将对 Python 模块导入进行详细说明。

1. import 语句

使用 import 语句可以导入整个模块,语法格式如下:

```
import module_name
```

也可以在一行内导入多个模块,语法格式如下:

```
import module_name1 [,module_name2 ]
```

但是这样的代码可读性不高,一般情况使用第一种导入方式。

例 8-1 编写程序,导入 urllib 到项目中。

```
# 导入 urllib
import urllib
# 打印 urllib 位置详细信息
print(urllib)
```

执行结果如下:

```
<module 'urllib' from 'D:\\py3.11\\lib\\urllib\\request.py'>
```

说明:urllib 主要用于处理 URL 相关操作,它包含以下几个模块。

(1) request。最基本的 HTTP 请求模块,用于打开和读取 URL,模拟发送 HTTP 请求，以及处理授权验证、重定向等。

（2）error。异常处理模块，用于捕捉和处理由 request 模块抛出的异常。

（3）parse。工具模块，提供了许多 URL 处理方法，如拆分、解析、合并等。

（4）robotparser。用于解析 robots. txt 文件，以判断哪些网站可以爬取，哪些不可以。

urllib 在 Python 中扮演着重要的角色，特别是在网络编程和数据抓取方面。

例 8-2　编写程序，将 Python 字典数据转换为 JSON 格式的字符串。

```
import json

data = {"name": "John", "age": 30, "city": "New York"}
json_string = json.dumps(data)
print(json_string)
```

执行结果如下：

```
{"name": "John", "age": 30, "city": "New York"}
```

说明：JSON(JavaScript object notation)是一种轻量级的数据交换格式，它易于阅读和编写，同时也易于机器解析和生成。在 Python 中，json 模块提供了一些方法来处理 JSON 数据。

通过使用 import json 语句，将 json 模块导入当前的命名空间中，以便使用其中的函数和方法来处理 JSON 数据。

一旦成功导入 json 模块，就可以使用其中的函数和方法来进行各种与 JSON 相关的操作。

使用 json. dumps()函数将 Python 对象转换为 JSON 格式的字符串。

例 8-3　编写程序，将 JSON 格式的字符串转换为 Python 字典数据。

```
import json

json_string = '{"name": "John", "age": 30, "city": "New York"}'
data = json.loads(json_string)
print(data)
```

执行结果如下：

```
{'name': 'John', 'age': 30, 'city': 'New York'}
```

说明：使用 json. loads()函数将 JSON 格式的字符串转换为 Python 字典数据。

2. from...import 语句

使用 from...import 语句可以导入模块中的特定功能，语法格式如下：

```
from module_name import specific_function
```

例 8-4　编写程序，将模块 urllib 的中的 error 函数导入项目中。

```
# 导入模块 urllib 中的 error 函数到项目中
from urllib import error
```

```
# 打印 urllib.error 位置信息
print(error)
```

执行结果如下:

```
<module 'urllib.error' from 'D:\\py3.11\\lib\\urllib\\request.py'>
```

有时候需要导入一个模块中的所有属性,可以使用通配符(*),语法格式如下:

```
from module_name import  *
```

注意:不建议使用这种方式,因为这种方式会导致命名空间污染,即会将被导入模块的所有变量、函数和类等元素引入当前命名空间,可能导致命名冲突和混乱;还会导致程序可读性下降,难以追踪和理解代码,因为无法明确知道哪些功能来自被导入的模块,导致代码的可读性降低。当模块中的内容发生变化时,可能会影响到当前代码的行为,因为无法明确知道导入了哪些具体的功能。

3. as 关键字

有时候导入的模块名字或者模块属性名称在程序中已经使用,或者名字非常长,在这种情况下可以使用别名以减少代码的长度,使得代码更加简洁。特别是在使用频繁的模块时,可以通过简短的别名来提高代码的书写效率。使用 as 关键字给导入的模块或功能取一个别名,语法格式如下:

```
import module_name as mm
from module_name import specific_function as sc
```

例 8-5 编写程序,将模块 random 导入项目中,并起别名为 rd。

```
# 导入模块 random,并起别名为 rd
import random as rd

# 生成 1~100 的随机数
num = rd.randint(1, 100)
print(num)
```

执行结果如下:

```
63
```

例 8-6 编写程序,将模块 urllib 中的 request 导入项目中,并起别名为 rs。

```
# 导入模块 urllib 中的 request 到项目中,并起别名为 rs
from urllib import request as rs

# 查看打印结果
print(rs)
```

执行结果如下：

```
<module 'urllib.request' from 'D:\\py3.11\\lib\\urllib\\request.py'>
```

微课 8-1：模块的导入

8.2.3　内置标准模块

在安装 Python 之后，随附的一系列模块被称为标准模块，它们共同构成了 Python 的标准库。这些标准模块提供了丰富的功能和工具，涵盖了从文本处理到网络编程等多个领域。表 8-2 详细列出了其中一些常用的标准模块，这些模块是 Python 编程中不可或缺的资源，能够帮助开发者高效地完成各种任务。

表 8-2　常用的内置标准模块

模块名称	简要说明
os	用于与操作系统交互，执行文件操作、路径操作等
json	用于序列化和反序列化数据，方便数据的存储和传输
math	提供了数学运算
random	提供了生成随机数的功能
datetime	用于处理日期相关的操作，包括日期格式化等
time	用于时间相关的操作，包括时区转换等
urllib	用于打开和读取 URLs，支持各种协议和加密方式
xml	提供了解析和创建 XML 文档的工具

微课 8-2：内置标准模块

8.2.4　自定义模块

自定义模块是 Python 程序设计中的一种高级技术，它允许开发者将代码逻辑和功能进行封装，以便在不同的程序中实现重用。与 Python 自带的内置标准模块类似，自定义模块同样可以包含函数、类、变量定义以及可执行代码。

自定义模块不仅极大地提升了代码的组织性和可维护性，还通过促进代码重用，为协作开发提供了有力支持，从而显著提高了开发效率。利用自定义模块，开发者能够构建出更加强大、灵活且高效的 Python 应用程序。这一技术不仅增强了代码的可读性和可复用性，还使得代码的管理和扩展变得更加便捷。

1. 创建自定义模块

自定义模块的创建非常简单。实质上，任何 Python 文件(.py 扩展名)都可以作为一个模块被其他 Python 程序导入。

例 8-7 编写程序,自定义一个 my_module 模块,该模块要包含函数 add()和 sub()。

```
# my_module.py
def add(a, b):
    return a + b

def sub(a, b):
    return a - b
```

2. 使用自定义模块

创建模块后,为了在另一个 Python 程序中使用这个模块,可以在 Python 程序中通过 import 语句来导入它。

例 8-8 编写程序,在程序中使用 my_module 模块。

```
# 导入自定义模块 my_module
# 当前程序文件名假设是 test.py
import my_module

print(my_module.add(10,20))        # 使用自定模块中的函数 add()
print(my_module.sub(30,20))        # 使用自定义模块中的函数 sub()
```

执行结果如下:

```
30
10
```

说明:模块 my_module 的文件名为 my_module.py,假设当前文件是 test.py,要保证两个文件在同一个目录下,才能正确导入自定义模块。

微课 8-3:自定义模块 

8.3 项 目 实 现

该项目包含一个任务,任务序号是 T8-1,任务名称是天气预报应用程序。

8.3.1 分析与设计

1. 需求分析

根据给定的项目情景,天气预报应用程序能够实时获取当前的天气状况,包括温度、湿度、风速等信息。

（1）导入 urllib 获取天气数据。在 Python 中实时获取当前的天气状况，可以使用第三方的天气 API。一个常用的天气 API 是 OpenWeatherMap API，需要先注册一个账号获取 API 密钥，然后使用该密钥进行请求。需要说明的是，OpenWeatherMap API 有免费使用功能，但是有一定的使用限制，免费账户每分钟最多可以发送 60 个 API 请求，并且每天有一定的请求限额。也有收费的服务，我们这里采用其免费功能，用来交流学习。

http://api.openweathermap.org/data/2.5/weather?q={city}&appid={api_key}&units=metric 这个 url 可用于获取指定城市天气信息的 API 请求。其中，{city}需要替换为想要查询的城市名称，{api_key}需要替换为在 OpenWeatherMap 网站上申请的 API 密钥。units=metric 表示返回的温度单位为摄氏度。

```
urllib.request.urlopen(url)
```

该代码使用 urllib 的 request 模块中的 urlopen()方法打开以上 url 并返回一个类文件对象。

（2）导入 json 处理获得的天气数据，将其转换成 JSON 格式。使用 data = json.load(response)从 response 中读取 JSON 数据并将其解析为 Python 对象，再存入 data 中。

使用 if data.get('cod') == 200 判断是否成功，默认情况下如果 cod 的值是 200，则获取数据成功。

用 weather_description 保存天气状况，用 temperature 保存温度，用 humidity 保存湿度，用 wind_speed 保存风速。

（3）导入 datetime 获得当前日期时间。使用 current_date = datetime.now().strftime("%Y-%m-%d %H:%M:%S")获取当前时间并进行格式化输出。

2. 流程设计

该项目流程图如图 8-1 所示。

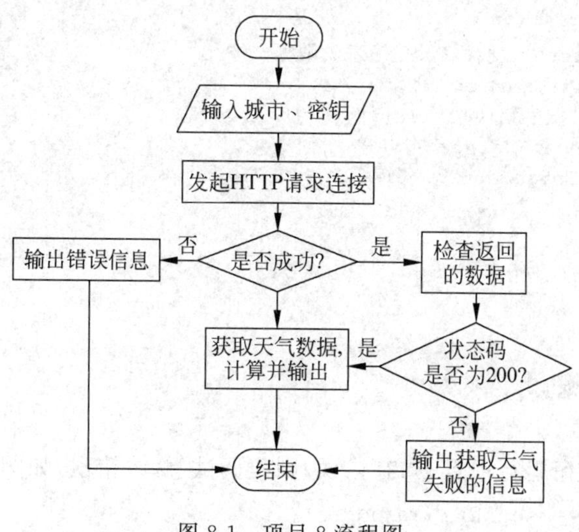

图 8-1　项目 8 流程图

8.3.2 代码编写

项目参考源代码如下：

```
# 导入 urllib 中的 request 模块
import urllib.request
# 导入 json 模块
import json
# 从 datetime 中导入 datetime 类
from datetime import datetime

def get_current_weather(api_key, city):
    """用于构建一个 URL 字符串,该字符串用于向 OpenWeatherMap API 发送请求以获取指定城
    市的天气信息"""
    url = (f'http://api.openweathermap.org/data/2.5/weather?'f'q={city}&appid=
    {api_key}&units=metric')
    try:
        """使用 Python 的内置库 urllib 中的 urlopen 函数打开一个 URL,并将返回的响应对
        象赋值给变量 response"""
        with urllib.request.urlopen(url) as response:
            data = json.load(response)
            if data.get('cod') == 200:
                weather_description = data['weather'][0]['description']
                temperature = data['main']['temp']
                humidity = data['main']['humidity']
                wind_speed = data['wind']['speed']
                # 获取当前日期
                current_date = datetime.now().strftime("%Y-%m-%d %H:%M:%S")
                return (f"日期{current_date}\n"
                        f"天气状况{weather_description}\n"
                        f"温度{temperature}°C\n"
                        f"湿度{humidity}%\n"
                        f"风速{wind_speed} m/s")
            else:
                return "获取天气信息失败"
    except Exception as e:
        return f"发生错误{str(e)}"
# 在这里填入你的 OpenWeatherMap API 密钥
api_key = '2c42b855ebceb62e0e3f482305e9b714'
# 城市为德州
city = 'Dezhou'
print(get_current_weather(api_key, city))
```

8.3.3 运行并测试

(1) 单击 Run 按钮运行项目,如有错误,则先调试、修改错误,如图 8-2 所示。

错误内容：data = json. load(response)。

错误提示：发生错误 name 'json' is not defined。

```
1   # 导入Python的内置库urllib中的request模块
2   import urllib.request
3   # 导入json模块
4
5   # 从内置库datetime中导入datetime类
6   from datetime import datetime
7
8
    1 usage
9   def get_current_weather(api_key, city):
10      """用于构建一个URL字符串，该字符串用于向OpenWeatherMap API
11      发送请求以获取指定城市的天气信息"""
12      url = (f'http://api.openweathermap.org/data/2.5/weather?'
13             f'q={city}&appid={api_key}&units=metric')
14
15      try:
16          """使用Python的内置库urllib中的urlopen函数打开一个URL，
17          并将返回的响应对象赋值给变量response"""
18          with urllib.request.urlopen(url) as response:
19              data = json.load(response)
20              if data.get('cod') == 200:

C:\Users\XH\PycharmProjects\OOP\.venv\Scripts\python.exe C:\Users\XH\PycharmProj
发生错误: name 'json' is not defined
```

图 8-2　项目调试

错误分析：没有导入 json 模块，所以不能使用 json.load()方法。

正确内容：添加 import json。

(2) 修改所有错误，再次运行，如图 8-3 所示。

```
1   # 导入Python的内置库urllib中的request模块
2   import urllib.request
3   # 导入json模块
4   import json
5   # 从内置库datetime中导入datetime类
6   from datetime import datetime
7
8
    1 usage
9   def get_current_weather(api_key, city):
10      """用于构建一个URL字符串，该字符串用于向OpenWeatherMap API
11      发送请求以获取指定城市的天气信息"""
12      url = (f'http://api.openweathermap.org/data/2.5/weather?'
13             f'q={city}&appid={api_key}&units=metric')
14
15      try:
16          """使用Python的内置库urllib中的urlopen函数打开一个URL，
17          并将返回的响应对象赋值给变量response"""
18          with urllib.request.urlopen(url) as response:
19              data = json.load(response)
20              if data.get('cod') == 200:

C:\Users\XH\PycharmProjects\OOP\.venv\Scripts\python.exe C:\Users\XH\Pych
日期: 2024-03-28 16:26:19
天气状况: clear sky
温度: 20.85°C
湿度: 17%
风速: 3.91 m/s
```

图 8-3　项目运行情况

小记录:

你在程序生成过程中发现________个错误,错误内容如下。

____

____

____

____

大发现:

____

____

微课 8-4:项目 8 实现

8.4 知识拓展

8.4.1 包的概念

包是一种用于组织模块的层次结构,这种结构允许将相关的模块组织在一起,形成一个更大的应用程序或库。包实际上是包含一个特殊文件__init__.py 的目录,该文件可以为空,但其存在表明该目录是一个 Python 包。这允许 Python 处理目录,就像处理模块一样,使得在这些目录下的模块可以作为包的一部分被导入。

1. 创建包

为了创建一个包,需要做以下工作。

(1) 创建一个目录,用于存放包的内容。

(2) 在该目录中添加__init__.py 文件。

(3) 将相关的模块文件放入该目录中。

假设一个包的目录结构如下:

```
mypackage/
    __init__.py
    module1.py
    module2.py
```

在这个结构中,mypackage 是一个包,包含了 module1 和 module2 两个模块。

2. 使用包

要在程序中使用包,需要导入它。有几种不同的方式来导入包中的模块。

(1) 导入整个包。

```
import mypackage
```

这种方法需要通过包名和模块名来访问模块中的函数。

(2) 从包中导入特定模块。

```
from mypackage import module1
module1.some_function()
```

这允许直接通过模块名访问模块中的函数,而不需要包名。

(3) 从包的模块中导入特定项。

```
from mypackage.module1 import some_function
some_function()
```

这允许直接访问函数,无须提及包名和模块名。

在上面的包目录结构中,可以看到有一个__init__. py 文件,该文件是用来初始化相应模块的,通过 from import 语句导入子包时需要用到该文件。如果不是通过此方式导入的,该文件可以是空的。

微课 8-5:包的概念

8.4.2 包的发布

可以通过将代码打包成 Python 包并发布到 PyPI(Python package index)或其他包管理工具,其他人可以轻松地找到、安装和使用发布的代码,这样可以促进代码的分享和重用,提高开发效率。将代码打包成包可以让用户使用简单的命令就能安装和管理依赖。用户只需运行 pip install your_package_name 就能安装你的包,而不必手动下载和管理依赖。通过发布包,你的项目可以被更多人知晓和使用,从而提升你个人或团队的知名度和声誉。这对于个人开发者、开源项目或者公司来说都是非常有价值的。

发布 mypackage 包的步骤如下。

(1) 创建 setup. py 文件。在项目根目录下创建一个名为 setup. py 的文件,并填写基本的包元数据和依赖关系。

```
from setuptools import setup, find_packages

setup(
    name='mypackage',
    version='0.1',
    packages=find_packages(),
    install_requires=[
        # 列出你的依赖关系
```

```
    ],
)
```

(2) 在项目根目录下运行以下命令,将代码打包成一个压缩文件。

```
python setup.py sdist
```

(3) 发布包到 PyPI。使用以下命令发布包到 PyPI,确保已经安装 twine 包。

```
twine upload dist/*
```

在发布到 PyPI 的时候,需要注册一个 PyPI(https://pypi.org/account/register/)的账号,使用账号和密码登录 PyPI(https://pypi.org/account/login/)进行上传。至此,已经成功将包发布到 PyPI。

微课 8-6:包的发布

8.4.3 包的安装

pip 是用来管理 Python 包的重要工具,用 pip 可以安装、升级和卸载包。轻松地构建、分享和维护 Python 项目的依赖关系。pip 使得管理项目所需的各种库和工具变得非常便捷。

计算机上已经安装了 pip,可以使用 pip 安装包、升级包和卸载包。

(1) 安装包命令格式:

```
pip install package_name
```

(2) 升级包命令格式:

```
pip install --upgrade package_name
```

(3) 卸载包命令格式:

```
pip uninstall package_name
```

微课 8-7:包的安装

8.4.4 第三方库

1. 函数、模块、包和库的关系与区别

在 Python 中,函数、模块、包和库是组织代码的基本单位,它们之间有明确的关系和

区别。

函数是一段具有特定功能的代码块，可以接受输入参数并返回结果。在 Python 中，函数通过 def 关键字来定义，是组织好的、可重复使用的代码单元，用于执行一个特定的任务。

模块是一个以.py 结尾的文件，其中可以包含函数、类和变量等。模块用于将相关的代码组织到一个单独的文件中，以便在其他地方引用和重用。一个模块可以被其他模块或程序导入(import)以使用其中定义的功能。

包是一种将模块组织在一起的方式，通常是一个包含有__init__.py 文件的目录。这个__init__.py 文件可以为空，也可以包含包初始化代码。包提供了一种层次化的组织结构，可以将相关的模块分组在一起，这样有助于避免命名冲突，并使代码更易于维护和管理。

库是一组模块和包的集合，通常为特定目的提供了一系列功能。库可能包含多个模块和子包，形成一个完整的工具集。库主要用于解决特定问题或提供特定功能，使得开发人员能够更轻松地重用代码而不必从零开始编写。常见的例子包括标准库(如 math、os 等)和第三方库(如 requests、numpy 等)。

函数是执行具体操作的代码单元，模块是包含函数和其他定义的文件，包是包含多个模块或子包的目录，而库通常是以模块或包的形式提供的一组功能集合。在实际使用中，可以通过导入相应的模块或包来使用其中定义的函数，以实现更复杂的功能。

2. 第三方库

Python 拥有丰富的第三方库，这些库极大地扩展了 Python 的功能和应用范围，常用的 Python 第三方库及其用途如表 8-3 所示。

表 8-3　常用的 Python 第三方库及其用途

类　型	名　称	用　途
网络和 Web 开发	requests	一个简单而实用的 HTTP 库，用于发送各种类型的 HTTP 请求
	Flask	一个轻量级的 Web 框架，适用于构建小型和中型的 Web 应用
	Django	一个全功能的 Web 框架，适用于构建大型、复杂的 Web 应用
	BeautifulSoup	一个用于解析 HTML 和 XML 文档的库，常用于网页抓取
	Scrapy	一个高效、可扩展的网络爬虫框架，用于抓取和提取结构化数据
	Tornado	一个异步 Web 框架和网络库，适用于高并发的 Web 应用和实时应用程序
数据处理	chardet	一个编码识别模块，能够自动检测数据的编码格式
	Pydantic	一个用于数据验证和解析的库，提供了一种简单且直观的方式来定义数据模型，并使用模型对数据进行验证和转换
数据分析与可视化	Pandas	一个提供高性能、易用的数据结构和数据分析工具的库
	NumPy	一个用于科学计算的基础包，提供多维数组对象和工具
	Matplotlib	一个绘图库，用于创建静态、动态、交互式的图表
	Seaborn	基于 Matplotlib 的数据可视化库，提供了更高级的接口和更多的内置统计图表

Python 的第三方库数量庞大，覆盖了信息技术的几乎所有领域，为开发者提供了强大的工具和便利。这些库可以通过 pip 进行安装，使用清华大学的源镜像可以加速下载过程。安装后，可以通过 pip list 命令来检查已安装的库。这些库极大地促进了 Python 的流行和

强大,使得编程变得更加高效和简便。

职业素养提升

(1) 要有知识产权和版权意识。应合法合规地使用第三方包,尊重知识产权对个人和社会都是必要的。

(2) 要有集体主义和服务意识。展示开源社区的力量,探讨如何通过共享和协作促进技术的进步。参与到开源项目中,不仅可以作为使用者,也可以作为贡献者,要多培养服务社会的意识。

(3) 要有提升科学精神和创新能力。探索和学习第三方包的源代码,理解其工作原理,从而提高自己的编程能力和解决问题的能力。在学习现有第三方包的基础上,可以进行改进或开发新的功能,以培养创新精神。

微课 8-8:第三方库

8.5 项目改进

你对该项目满意吗?你对获取天气的结果满意吗?你可以对该项目提出改进与完善的要求并当你有能力时去实现它。

项目能够获取当前时间指定城市的天气状况,包括温度、湿度、风速等,但是很多情况下,用户要查询天气的未来情况,以便决定将来是否出行。读者朋友可以拓展天气预报程序,增加一个展示未来天气的功能,以提升用户对户外活动平台的体验感。

8.6 Python 工程师的发展历程

一名初级 Python 工程师的发展历程通常是一个渐进的过程,涉及不断学习、积累经验和提升技能阶段。以下是一段可能的发展历程。

入门阶段初学者通过学习基础的 Python 语法和编程概念,可以通过在线课程、教科书或网站学习。在这个阶段,主要关注语法和基本的编程概念,并尝试编写简单的程序解决问题。

一旦掌握了基础知识,初级工程师通常会开始参与一些小型项目的开发,可能是个人项目或者团队项目的一部分。通过实践项目,他们将学会如何将理论知识应用到实际情境中,并且逐渐熟悉开发工作流程和如何与团队合作。

在工作或项目实践中持续学习和提升,初级工程师会遇到各种挑战和新的技术需求。他们会不断地学习新的技术和工具,扩展自己的技能栈,比如学习如何使用新的库、框架或者工具来解决特定的问题。

在专业化方向上随着经验的积累，初级工程师可能会开始在特定领域或方向上深化自己的专业知识。例如，有些人可能对数据科学或者机器学习领域感兴趣，会专门学习相关的算法和技术；而另一些人可能对 Web 开发或者 DevOps 更感兴趣，会深入学习相关的技术和工具。

通过不断学习、实践和成长，初级工程师逐渐积累了丰富的经验和技能，可以承担更加复杂的任务和项目。他们可能会逐步晋升为中级工程师，并在工作中担负更多的责任和领导角色。

总的来说，Python 初级工程师的发展历程是一个不断学习、实践和提升的过程，只有通过不断地积累经验和技能，才能逐步成长为更加成熟和专业的工程师。

练 一 练

1. 编写一个 Python 模块名为 calculator. py，其中包含的函数 add()用于执行两个数的加法运算，函数 sub()用于执行两个数的减法运算。

2. 将 Python 对象 data = {"name"："LiHua"，"age"：18，"city"："BeiJing"}转换为 JSON 格式的字符串输出。

测 一 测

扫码进行项目 8 在线测试。

项目9　个人财务管理系统

学习目标

知识目标：

1. 了解面向对象程序设计的思想。
2. 认识类与对象的概念。
3. 掌握类与对象定义的方法。

技能目标：

1. 能够使用面向对象方法设计程序。
2. 能够设计并实现自定义类来模拟现实世界中的实体和概念。
3. 能够使用继承实现代码复用和程序扩展。

素质目标：

1. 培养分析问题和解决抽象问题的能力，以便更好地理解和应用面向对象的设计模式。
2. 提高逻辑思维和系统思维能力，以便于设计和实现复杂的系统。

9.1　项目情景

某公司为了让员工更好地做好个人收入与支出管理，计划为员工开发个人财务管理系统，由个人记录工资、奖金等收入和生活支出。

该软件的核心功能是设置个人账户记录收入项目和金额，记录支出项目和金额，根据收入和支出实时更新个人账户余额。基于对该项目的需求分析，项目经理列出需要完成的任务清单，如表9-1所示。

表9-1　项目9任务清单

任务序号	任务名称	知识储备
T9-1	个人财务管理系统	• 类与对象简介 • 类的属性 • 类的方法 • 访问权限

9.2　相关知识

9.2.1　类与对象简介

面向对象编程是一种编程范式，它使用“对象”来设计应用程序和计算机程序。在Python中，面向对象编程不仅提供了一种组织代码的方式，还提供了一种思考问题和解决问题的方法。通过使用类和对象，开发者可以更好地模拟现实世界中的实体和概念，从而创建出更加模块化和可维护的代码。

1. 类

Python中的类是一种面向对象编程的核心概念，它是创建对象的蓝图，用来描述具有相同的属性和方法的对象的集合。

类定义的语法格式如下：

```
class className:
    类属性
    类方法
```

注意：类名后面有个冒号；类属性和方法要向右边缩进。

例9-1　定义学生类。

```
class Student:
    # 定义了一个属性
    grade = '2024'
    # 定义了一个方法
    def printName(self):
        print(self.grade)
```

2. 对象

在定义类之后，可以通过调用类来创建该类的实例，即对象。

例如，基于例9-1中的Student类创建对象st，语句如下：

```
st = Student( )
```

职业素养提升

类与对象具有社会性。类就像是一个社会团体或组织，它定义了一组共同的行为规范和价值观；而对象则是这个团体中的具体个体，它们遵循团体的规则并表现出一定的行为。

引导学生思考个人在社会中的角色和责任，进而探讨如爱国主义、社会主义核心价值观等素养目标主题。

微课 9-1：类与对象简介

9.2.2 类的属性

Python 类的属性是类的一部分,用于存储与类实例相关的数据。

Python 类的属性可以分为两大类：类属性和实例属性。

1. 类属性

类属性属于类本身,而不是类的某个特定实例。类属性通常在类定义中直接赋值,或者在类的方法中赋值。类属性对于所有的类实例都是共享的,即所有实例访问的是同一个属性值。例如：

```
class Student:
    # 定义了一个年级属性 grade,该属性是类属性
    grade = '2024'
```

2. 实例属性

实例属性属于类的每个独立实例。它们通常在类的构造函数__init__中通过 self 关键字来定义和初始化。每个实例都有自己的实例属性,不同实例之间的实例属性互不影响。例如：

```
class Student:
    grade = "2024"           # 类属性

    def __init__(self, name, age):
        self.name = name     # 实例属性
        self.age = age       # 实例属性
```

Python 还提供了一些特殊的方法来管理属性,如构造函数__init__用于初始化实例属性,析构函数__del__用于在对象被销毁时执行清理工作。通过这些方法,可以控制属性的创建和销毁过程。

理解并正确使用类的属性是掌握面向对象编程的关键部分,它允许我们封装数据和行为,提高代码的可维护性和复用性。

微课 9-2：类的属性

9.2.3 类的方法

类的方法其实就是定义在类中的函数。它们是类的一种重要组成部分,用于实现类的

行为或操作。

类的方法有三种类型：实例方法、类方法和静态方法。

1. 实例方法

实例方法是最常见的方法类型，需要一个 self 参数来代表类的实例。实例方法可以访问和修改实例的属性。

例 9-2 通过实例方法访问实例属性。

```
class Student:
    def __init__(self, name):
        self.name = name

    # 实例方法
    def say_hello(self):
        print('大家好，我的名字是：', self.name)

p = Student('小明')
p.say_hello()  # 输出为“大家好，我的名字是：小明”
```

2. 类方法

类方法需要一个 cls 参数来代表类本身。类方法不能访问实例的属性，但可以访问类的属性。类方法使用@classmethod 装饰器声明，并且第一个参数通常是 cls，代表类本身。

例 9-3 通过类方法访问类属性。

```
class MyClass:
    # 类属性
    count = 0
    @classmethod
    def increment_count(cls):  # 类方法
        cls.count += 1
    @classmethod
    def get_count(cls):        # 类方法
        return cls.count
```

3. 静态方法

静态方法是一种属于类，但不需要访问类或实例状态的方法。它们使用@staticmethod 装饰符声明，不接受特殊的第一个参数（如 self 或 cls），因此不能访问类的实例或类本身的属性。静态方法通常用于执行与类相关的操作，但这些操作不需要修改类或其实例的状态。

例 9-4 定义类的静态方法。

```
class MyClass:
    @staticmethod
    def add_numbers(x, y):  # 定义类的静态方法
        return x + y
```

4. 特殊方法

Python 还定义了一系列特殊方法,也称为魔术方法,这些方法有双下划线前缀和后缀。例如,__init__是构造方法,__str__用于定义对象的字符串表示。Python 常用的魔术方法如表 9-2 所示。

表 9-2 Python 常用的魔术方法

魔 术 方 法	描 述
__new__	创建类并返回这个类的实例
__init__	可理解为构造函数,在对象初始化的时候调用,使用传入的参数初始化该实例
__del__	可理解为析构函数,当一个对象进行垃圾回收时调用
__metaclass__	定义当前类的元类
__class__	查看对象所属的类
__base__	获取当前类的父类
__bases__	获取当前类的所有父类
__str__	定义当前类的实例的文本显示内容
__getattribute__	定义属性被访问时的行为
__getattr__	定义试图访问一个不存在的属性时的行为
__setattr__	定义对属性进行赋值和修改操作时的行为
__delattr__	定义删除属性时的行为
__copy__	定义对类的实例调用 copy. copy()方法获得对象的一个浅拷贝时所产生的行为
__deepcopy__	定义对类的实例调用 copy. deepcopy()方法获得对象的一个深拷贝时所产生的行为
__eq__	定义相等符号“==”的行为
__ne__	定义不等符号“!=”的行为
__lt__	定义小于符号“<”的行为
__gt__	定义大于符号“>”的行为
__le__	定义小于和等于符号“<=”的行为
__ge__	定义大于和等于符号“>=”的行为
__add__	实现操作符“+”表示的加法
__sub__	实现操作符“-”表示的减法
__mul__	实现操作符“*”表示的乘法
__div__	实现操作符“/”表示的除法
__mod__	实现操作符“%”表示的取模(求余数)
__pow__	实现操作符“**”表示的指数操作
__and__	实现按位与操作
__or__	实现按位或操作
__xor__	实现按位异或操作
__len__	用于自定义容器类型,表示容器的长度
__getitem__	用于自定义容器类型,定义当某一项被访问时,使用 self[key]所产生的行为
__setitem__	用于自定义容器类型,定义执行 self[key]=value 时产生的行为

续表

魔术方法	描述
__delitem__	用于自定义容器类型,定义一个项目被删除时的行为
__iter__	用于自定义容器类型,一个容器迭代器
__reversed__	用于自定义容器类型,定义当 reversed()被调用时的行为
__contains__	用于自定义容器类型,定义在调用 in 和 not in 测试成员是否存在时所产生的行为
__missing__	用于自定义容器类型,定义在容器中找不到 key 时触发的行为

例 9-5 构造方法__init__的使用。

```
class MyClass:
    def __init__(self, param1, param2):
        self.attribute1 = param1
        self.attribute2 = param2

# 创建类的实例
my_instance = MyClass("value1", "value2")
print(my_instance.attribute1)  # 输出 "value1"
print(my_instance.attribute2)  # 输出 "value2"
```

说明:构造方法__init__在创建类的实例时被自动调用。构造方法用于初始化类的属性和执行其他设置。

例 9-6 构造方法__str__的使用。

```
class Person:
    def __init__(self, name, age):
        self.name = name
        self.age = age

    def __str__(self):
        return f"Person(name={self.name}, age={self.age})"

p = Person("张三", 30)
print(p)  # 输出 "Person(name=张三, age=30)"
```

说明:__str__方法用于定义类的实例在被转换为字符串时的表现形式。当使用 print()函数打印一个类的实例时,或者使用 str()函数将类的实例转换为字符串时,会自动调用__str__方法。

微课 9-3:类的方法 

9.2.4 访问权限

Python 中的访问权限主要是通过命名约定来实现的,而不是像 C++或 Java 那样使用

public、private 和 protected 关键字。

1. 公有成员(public)

公有成员可以在类的外部直接访问,也可以在子类中访问。

例 9-7 类的公有属性与方法的使用。

```
class MyClass:
    def __init__(self):
        # 公有属性
        self.public_var = 0

    # 公有方法
    def public_method(self):
        pass

obj = MyClass()
print(obj.public_var)     # 访问公有属性
obj.public_method()       # 调用公有方法
```

2. 私有成员(private)

私有成员以双下划线开头,表示这是一个私有成员,不能在类的外部直接访问,也不能在子类中访问。

例 9-8 类的私有属性与方法的使用。

```
class MyClass:
    def __init__(self):
        # 私有属性
        self.__private_var = 0

    # 私有方法
    def __private_method(self):
        pass

obj = MyClass()
print(obj.__private_var)
# 报错:AttributeError: 'MyClass' object has no attribute '__private_var'
obj.__private_method()
# 报错:AttributeError: 'MyClass' object has no attribute '__private_method'
```

说明:运行时系统报错“AttributeError: 'MyClass' object has no attribute '__private_method'”,就是不允许在类的外面访问和使用私有的属性和方法。

3. 受保护成员(protected)

受保护成员以单下划线开头,表示这是一个受保护的成员,不能在类的外部直接访问,但可以在子类中访问。

例 9-9 类的受保护的属性与方法的使用。

```
class MyClass:
    def __init__(self):
        # 受保护属性
        self._protected_var = 100

    # 受保护方法
    def _protected_method(self):
        pass

    @property
    def protected_var(self):
        return self._protected_var

# 子类继承父类受保护属性和方法
class MySubClass(MyClass):
    pass

obj = MySubClass()
print(obj.protected_var)           # 访问受保护属性
obj._protected_method()            # 调用受保护方法
```

4. 特殊成员(special)

特殊成员是一些以双下划线开头和结尾的名称,如__init__、__str__等,这些成员具有特殊的含义,通常不需要在类外部直接访问。

微课 9-4:访问权限

9.3 项目实现

该项目包含一个任务,任务序号是T9-1,任务名称是个人财务管理系统。

9.3.1 分析与设计

1. 需求分析

个人财务管理系统需要个人财务管理系统包括两个类:Transaction 和 Account。Transaction 类表示一笔交易,包含金额 amount 和描述信息 description;Account 类表示一个账户,包含账户名 name、余额 balance 和交易记录 transactions。

2. 流程设计

面向对象程序设计的流程图通常通过使用统一建模语言(UML)来绘制。以下是绘制面向对象程序设计流程图的一般步骤。

(1) 确定系统需求。需要分析并确定系统的功能需求,明确系统需要完成哪些任务和功能。

(2) 识别对象和类。根据系统需求,识别出系统中的所有对象和类。对象是现实世界中的具体实体,而类是对对象的抽象描述。

(3) 定义属性和方法。为每个类定义其属性(数据成员)和方法(成员函数)。属性描述了对象的状态,而方法定义了对象的行为。

(4) 建立关系。确定类与类之间的关系,如继承、关联、依赖和聚合等,并在 UML 图中表示出来。

(5) 绘制 UML 图。使用 UML 提供的图形元素来绘制类图、用例图、序列图等。类图用于展示系统中的类及其相互关系,用例图描述系统的功能以及用户如何与这些功能交互,序列图则展示了对象之间消息传递的时间顺序。

(6) 迭代优化。根据反馈和测试结果对 UML 图进行迭代优化,确保它们准确反映了系统的设计。

(7) 转换为代码。将 UML 图转换为实际的编程语言代码,这一步骤通常是由程序员完成的。

(8) 验证和测试。编写测试用例,验证代码是否符合设计要求,确保系统的正确性和稳定性。

(9) 文档记录。在整个过程中,应该持续更新和维护相关的设计文档,以便于团队成员之间的沟通和未来的维护工作。

关于 UML 有专门课程,感兴趣的同学可以去学习,这里只做简单介绍。该系统类图如图 9-1 所示,用例图如图 9-2 所示。

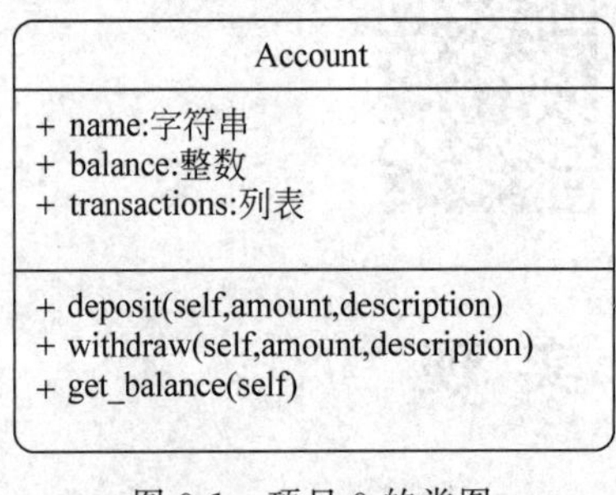

图 9-1 项目 9 的类图

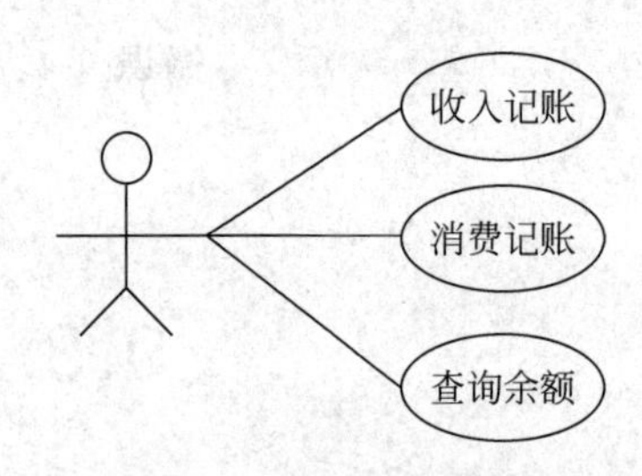

图 9-2 项目 9 用例图

9.3.2 代码编写

该项目的参考源代码如下:

```
# 定义交易类
class Transaction:
    def __init__(self, amount, description):
        self.amount = amount
        self.description = description

# 定义账户类
```

```
class Account:
    def __init__(self, name):
        self.name = name
        self.balance = 0
        self.transactions = []

    # 定义收入记账方法
    def deposit(self, amount, description):
        transaction = Transaction(amount, description)
        self.transactions.append(transaction)
        self.balance += amount

    # 定义消费记账方法
    def withdraw(self, amount, description):
        if self.balance >= amount:
            transaction = Transaction(-amount, description)
            self.transactions.append(transaction)
            self.balance -= amount
        else:
            print("Insufficient balance")

    # 定义查询余额方法
    def get_balance(self):
        return self.balance

    # 定义交易记录打印方法
    def print_transactions(self):
        for transaction in self.transactions:
            print(f"{transaction.description}: {transaction.amount}")

# 创建账户
account = Account("Xu Hua")
print(f"***{account.name} 个人账户管理****")

# 收入记账
account.deposit(1000, "工资")
account.deposit(500, "奖金")

# 消费记账
account.withdraw(100, "图书")
account.withdraw(300, "美食")

# 打印余额和交易记录
print(f"余额: {account.get_balance()}")
account.print_transactions()
```

9.3.3 运行并测试

(1) 单击 Run 按钮运行项目，如有错误，则先调试并修改错误，如图 9-3 所示。

错误内容：def _init__(self, amount, description):。

错误提示：TypeError:Transaction() takes no arguments。

正确内容：def __init__(self, amount, description):。

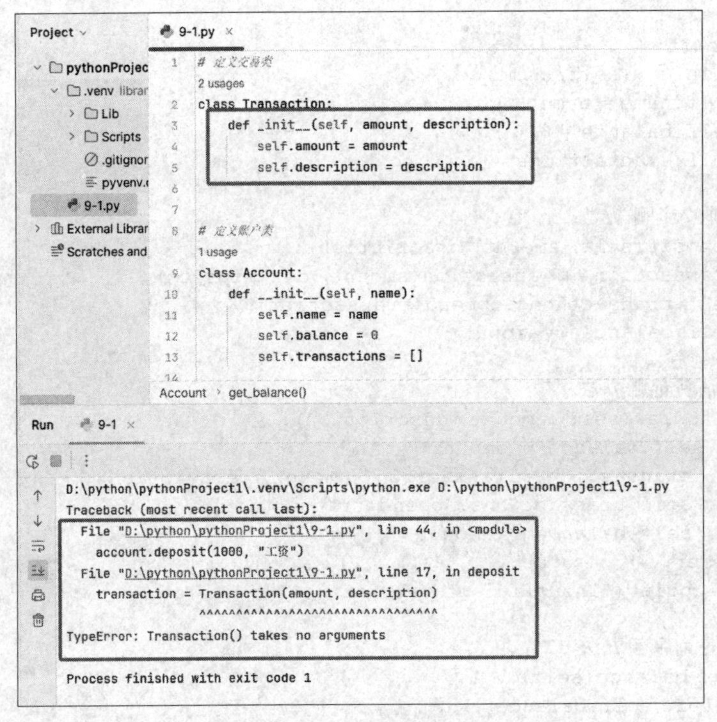

图 9-3　程序调试

(2) 修改所有错误,再次运行程序,如图 9-4 所示。

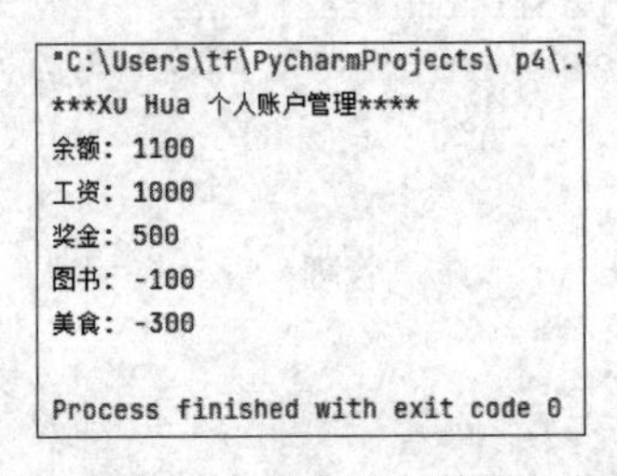

图 9-4　程序运行结果

这只是一个简单的示例代码,实际的个人财务管理系统可能需要更多的功能和错误处理。

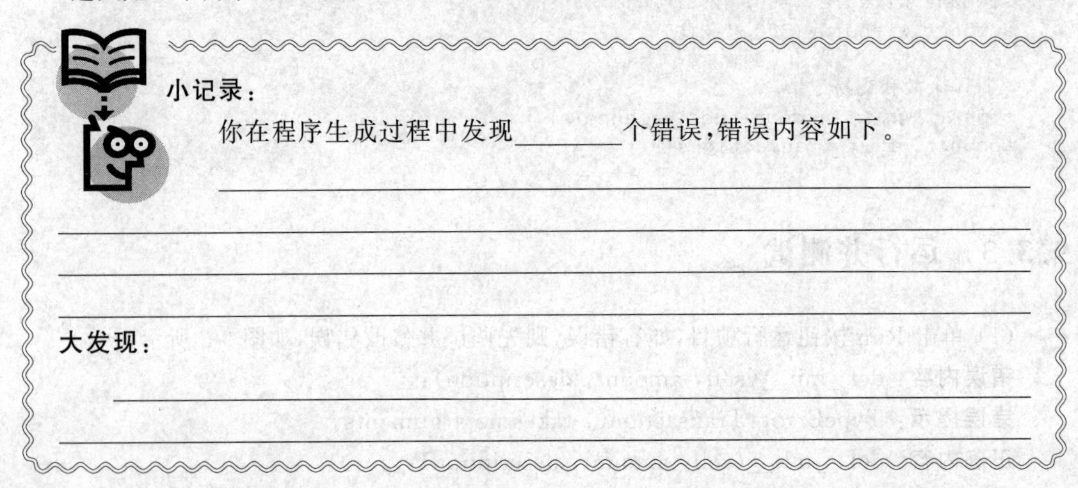

小记录:

你在程序生成过程中发现________个错误,错误内容如下。

大发现:

微课 9-5：项目 9 实现

9.4　知识拓展

9.4.1　继承

Python 的继承是一种面向对象编程的特性，继承描述的是多个类之间的所属关系。如果一个类 A 里面的属性和方法可以复用，则可以通过继承的方式，传递到类 B 里，那么类 A 就是基类，也叫作父类；类 B 就是派生类，也叫作子类。继承的主要目的是实现代码的重用和扩展性。

1. 单继承

单继承是指一个子类只继承一个父类的特性。例如，类 B 只继承一个父类 A。单继承语法格式如下：

```
class 类名(父类):
    执行语句...
    零个到多个类属性...
    零个到多个方法...
```

子类会自动继承父类的所有属性和方法，这意味着可以在子类中使用父类定义的属性和方法，而无须在子类中重新定义它们。当子类需要覆盖或扩展父类的方法时，可以在子类中重新定义该方法，这样，当子类的对象调用该方法时，将使用子类中的版本，而不是父类中的版本，这被称为方法重写。

例 9-10　定义动物 Animal 父类、子类狗 Dog 和子类鸟 Bird，实现属性复用和方法重写。

```
# 定义父类 Animal
class Animal:
    def __init__(self, name):
        self.name = name

    def speak(self):
        print(f"{self.name} 会发出声音")

# 定义子类 Dog 单继承父类 Animal
class Dog(Animal):
    # 子类重写了父类方法 speak()
    def speak(self):
        # 子类中直接使用父类属性 name
        print(f"{self.name} 会汪汪叫")

# 定义子类 Bird 单继承父类 Animal
class Bird(Animal):
    # 子类重写了父类方法 speak()
```

```
    def speak(self):
        print(f"{self.name} 会叽叽喳喳")

dog = Dog("旺财")
dog.speak()          # 输出:旺财会汪汪叫
bird = Bird("啾啾")
bird.speak()         # 输出:啾啾会叽叽喳喳
```

2. 多继承

子类继承多个父类,例如,类 B 可以继承类 A 和类 C。语法格式如下:

```
class 类名(父类 1, 父类 2, ...):
    执行语句...
    零个到多个类属性...
    零个到多个方法...
```

例 9-11 定义 A、B 类,定义 C 类多继承 A 类和 B 类。

```
# 定义两个父类
class A:
    def method_a(self):
        return "A 的方法"

class B:
    def method_b(self):
        return "B 的方法"
    # 定义一个子类,它继承自 A 和 B

class C(A, B):
    pass

# 创建一个 C 类的对象
c = C()
# 调用从 A 类继承的方法
print(c.method_a())        # 输出: A 的方法
# 调用从 B 类继承的方法
print(c.method_b())        # 输出: B 的方法
```

无论是单继承还是多继承都具有以下特点。

(1) 减少代码量和灵活指定类型。

(2) 子类具有父类的方法和属性。

(3) 子类不能继承父类的私有方法或属性。

(4) 子类可以添加新的方法。

(5) 子类可以重写父类的方法。

职业素养提升

激发学生的创新思维。面向对象的继承特性允许学生在现有的代码基础上进行创新,子类可以增加属性和方法,也可以重写父类方法。

培养学生的创新意识和能力,鼓励学生在遵循社会主义核心价值观的基础上勇于探索和创新。

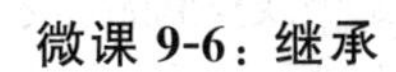
微课 9-6：继承

9.4.2　运算符重载

在 Python 中,运算符重载是通过在类中定义特殊方法来实现的。这些特殊方法的名称以双下划线开始和结束,例如__add__、__sub__。

例 9-12　重载"+"运算符,实现两个对象相加的运算。

```
class MyClass:
    def __init__(self, value):
        self.value = value

    # 重载"+"运算符
    def __add__(self, other):
        if isinstance(other, MyClass):
            return MyClass(self.value + other.value)
        return NotImplemented

a = MyClass(10)
b = MyClass(20)
c = a + b
print(c.value)  # 输出:30
```

常用的可重载运算符如表 9-3 所示。

表 9-3　常用的可重载运算符

方　法　名	运算符和表达式	说　　明
__add__(self,rhs)	self＋rhs	加法
__sub__(self,rhs)	self－rhs	减法
__mul__(self,rhs)	self * rhs	乘法
__truediv__(self,rhs)	self/rhs	除法
__floordiv__(self,rhs)	self//rhs	地板除
__mod__(self,rhs)	self%rhs	取模(求余)
__pow__(self,rhs)	self ** rhs	幂运算

微课 9-7：运算符重载

9.5 项目改进

当个人的财务事务变得复杂且需要更好的规划和跟踪时,就需要一个个人财务管理系统。现实对于个人财务管理系统的需求更加复杂。

对于那些希望通过详细记录和分析个人收入、支出、资产和负债来理解和改善自己的财务状况的人来说,个人财务管理系统非常有用。例如,如果你有多张银行卡、信用卡、投资账户以及定期的账单和支出,手动跟踪所有这些可能会非常困难和耗时。此时,一个能够自动导入交易记录、生成报告和预算的个人财务管理软件会大大简化这个过程。

对于希望实现财务目标的人来说,比如储蓄、偿还债务、投资或退休规划等,个人财务管理系统可以帮助他们设定预算、监控进度并提供必要的财务概览。

这样的系统通常具备制订规划和跟踪预算的功能,能够帮助用户确保他们的支出符合既定的财务计划。

对于想要从更宏观的角度理解和管理自己的财务状况的人来说,个人财务管理系统可以提供图表和趋势分析,帮助他们做出更明智的财务决策。例如,通过分析一段时间内的支出模式,用户可能能够识别并削减不必要的开销,或者找到增加收入的机会。

在处理复杂的财务事务、实现特定的财务目标或进行长期的财务规划时,使用个人财务管理系统是非常有益的。在后续学习中可以逐渐完善该系统,设计出一款功能更加完善的个人财务管理系统。

9.6 Python在网络安全中的应用

Python因其简洁的语法、强大的库支持和广泛的社区资源,在网络安全领域中扮演着重要的角色。无论是在攻击分析、防御策略的实施,还是在安全研究和教育中,Python都提供了有效的工具和方法,帮助网络安全专家提高他们工作的效率和效果。

(1) 网络扫描与漏洞检测。Python可以通过编写脚本来执行网络扫描,识别网络上的开放端口和服务,以及可能存在的安全漏洞。这有助于网络安全专家评估系统的安全性,并及时发现潜在的风险点。

(2) 恶意软件分析。Python的强大库支持使得它能够用于分析和逆向工程恶意软件,帮助安全研究人员理解恶意软件的行为和传播机制。

(3) 网络监控。Python可以用来监控网络流量和活动,例如,检测端口扫描和其他可疑的网络行为,从而及时响应可能的网络攻击。

(4) 渗透测试。渗透测试是一种模拟黑客攻击的方法,用于评估网络的安全防御能力。Python的灵活性和丰富的库使其成为创建渗透测试工具的理想选择。

(5) 数据包操作。Scapy是一个功能强大的Python库,它允许用户创建、解析和发送自定义的网络数据包,这对于网络通信分析和数据捕获非常有用。

(6) 加密与解密。Python提供了多种加密算法的实现,可以用于保护数据的安全传输，或者用于破解加密算法进行安全性研究。

(7) 安全策略实施。Python 脚本可以用来自动化实施安全策略，如防火墙规则的设置、访问控制列表的管理等。

(8) 日志分析。网络安全事件通常会在系统日志中留下痕迹，Python 可以用来自动化日志分析，快速识别异常模式和潜在的安全威胁。

(9) 教育和培训。Python 的简洁语法和强大的功能使其成为教授网络安全概念和技能的理想工具。

(10) 自动化报告。Python 可以用于自动化生成网络安全报告，将复杂的数据转化为易于理解的图表和总结，帮助管理人员做出决策。

(11) 响应工具开发。在发生安全事件时，Python 可以用来快速开发响应工具，帮助安全团队有效地应对和缓解威胁。

练　一　练

1. 设计一个学生类 Student，包含属性如姓名(name)、年龄(age)、班级(class_name)，以及方法如学习(study)、参与社会实践(participate_social_practice)等。

2. 设计一个图书管理系统，要求如下。

(1) 创建一个名为 Book 的类，包含属性如标题(title)、作者(author)、出版年份(year_published)和 ISBN 编号(isbn)。

(2) 为 Book 类添加一个方法__str__，用于返回书籍的详细信息。

(3) 创建一个名为 Library 的类，包含一个空的书目列表(books)作为初始属性。

(4) 在 Library 类中添加一个方法 add_book，用于向书目列表中添加书籍对象。

(5) 在 Library 类中添加一个方法 display_books，用于显示图书馆中所有书籍的详细信息。

3. 动物模拟程序，要求如下。

(1) 创建一个名为 Animal 的基类，包含属性如名字(name)、种类(species)和年龄(age)。

(2) 为 Animal 类添加方法：speak(发出声音)和 sleep(睡觉)。

(3) 创建几个从 Animal 类派生的子类，如 Dog、Cat 和 Bird。

(4) 在每个子类中重写 speak()方法，以反映不同动物的叫声。

(5) 如果需要，也可以在子类中重写 sleep()方法，以反映不同动物的睡眠习惯。

测　一　测

扫码进行项目 9 在线测试。

项目 10　销售数据分析

学习目标

知识目标：

1. 能够熟练使用 Python 的内置函数以及相关的文件操作模式。
2. 全面掌握文件对象所提供的各类方法。
3. 深入理解文件指针的概念及其在文件操作中的作用。

技能目标：

1. 能够准确地从文件数据中提取所需的数据信息。
2. 能够高效地将数据信息存入指定的文件中。
3. 能够熟练进行数据的统计与计算工作。

素质目标：

1. 具备出色的解决问题的能力，能够通过数据分析准确找出实际业务中的隐含信息和趋势。
2. 具有团队协作精神，能够与其他领域专家紧密合作，共同解决复杂的业务问题。
3. 深刻理解并尊重个人隐私权和信息安全的思政理念，确保数据处理过程的安全合规。

10.1　项 目 情 景

东方商店的销售部门为了提升盈利能力，需要对本月的商品销售额进行统计，以便及时调整销售策略和优化库存管理。为此，东方商店的销售部门决定启动一个简单的数据分析项目，以分析商品的销售情况。该项目的月销售数据被存储在文件中，因此，首先需要使用 Python 的文件操作技能来读取这些数据，然后进行数据清洗和预处理，以确保数据的准确性和一致性。最后，通过计算将销售结果存回文件中。

基于对该项目的需求分析，项目经理列出需要完成的任务清单，如表 10-1 所示。

表 10-1　项目 10 任务清单

任务序号	任务名称	知识储备
T10-1	销售数据分析	• 文件的基本概念 • 文件的打开与关闭方法 • 文件的读写操作

10.2 相关知识

10.2.1 文件的基本概念

在计算机科学领域，文件被视为一种持久性数据存储单位，用于存储和组织各种类型的数据，如文本、图像、音频和视频等。文件由有序的字节序列组成，并通过文件系统中的路径进行标识和访问。操作系统以文件为单位对数据进行管理，要访问外部存储介质上的数据，必须先找到并指定相应的文件，然后从文件中读取数据。同样，要向外部介质上存储数据，必须先创建一个以文件名作为唯一标识的文件，然后才能向其输出数据。

按文件中数据的组织形式，文件可以分为文本文件和二进制文件两大类。

1. 文本文件

文本文件是一种专门用于存储纯文本数据的文件类型，通常采用 ASCII 或 Unicode 等标准编码。这类文件可以用文本编辑器进行查看和修改，常见的格式包括.txt、.csv、.html 等。

(1) CSV 文件。CSV(comma-separated values，逗号分隔值)是一种常见的文本文件格式，主要用于存储表格数据。

① 文件扩展名。CSV 文件的扩展名通常为.csv。

② 数据结构。CSV 文件以纯文本形式存储数据，数据以行和列的形式组织。一行代表一条记录，而一列则代表该记录中的一个字段。字段之间通过逗号进行分隔。

③ 逗号分隔。CSV 文件的名称来源于其数据中的字段是通过逗号进行分隔的。例如，一行数据可能如下所示。

```
php,jsp,c++
```

④ 文本引用符。如果数据中包含逗号，可以使用文本引用符(通常是双引号)将整个字段包围起来，以便进行区分，例如，"30,Engineer"。

⑤ 表头。通常，CSV 文件的第一行用于定义各列的名称，这一行被称为表头。虽然表头不是必需的，但它可以提供更好的数据描述和可读性。

⑥ 换行符。在 CSV 文件中，行与行之间使用换行符(\n)进行分隔，表示新的一行的开始。

(2) Python CSV 模块。Python 的 csv 模块是用于处理 CSV 文件的标准库之一，它提供了读取和写入 CSV 文件的功能。

① 读取 CSV 文件。使用 csv 模块可以轻松地读取 CSV 文件中的数据。使用 csv.reader 对象可以逐行读取文件中的数据，并对每行进行解析。

② 写入 CSV 文件。csv 模块也提供了写入 CSV 文件的功能。使用 csv.writer 对象可以创建一个写入器，然后使用该对象逐行写入数据到 CSV 文件中。

③ 自定义分隔符和引用符。csv 模块允许指定自定义的分隔符和引用符，以处理不同格式的 CSV 文件。

④ 处理表头。csv 模块提供了处理 CSV 文件中表头的方法，可以选择是否忽略表头或

者将其作为数据的一部分进行处理。

2. 二进制文件

二进制文件存储的是非文本数据,以字节序列的形式进行保存。这些文件不是以人类可读的形式呈现,而是以计算机可理解的格式存储,如图像、音频、视频、可执行程序、资源文件以及各种数据库文件等。

在 Python 中,对文件的操作始终以打开或关闭文件作为开始和结束的两个关键步骤。打开文件是指建立与文件的连接,以便进行读取或写入操作,而关闭文件则是在操作完成后切断与文件的连接,释放系统资源,以防止内存泄漏和其他不必要的资源占用。

10.2.2 文件的打开

在 Python 中,进行文件操作时,通常会使用内置的 open()函数来打开或创建文件。file()内置函数也可以实现相同的功能,但在实际开发中,open()函数使用更为广泛。

通常情况下,调用 open()函数只需要传入文件名参数,就可以读取文件内容。但是,如果想要向文件中写入数据,就需要指定一个访问模式参数(如 w、a 等),以明确告知程序希望对文件执行的操作类型。

open()函数会返回一个文件对象,通过这个对象,可以对文件进行多种操作。其语法格式如下:

```
open(filename, accessmode='r',buffering=-1)
```

参数说明:

(1) filename 参数表示需要打开的文件名称。

(2) accessmode 是一个可选的参数,表示打开的模式,其值是一个字符串,默认值为 r,即只读模式。

常用的文件打开模式如表 10-2 所示。

表 10-2 常用的文件打开模式

文件模式参数	参 数 说 明
r	以读方式打开一个文本文件
w	以写方式打开一个文本文件
a	以追加方式打开一个文本文件
r+	以读写方式打开一个文本文件
w+	以读写方式新建一个文本文件
a+	以读写方式打开一个文本文件
rb	以读方式打开一个二进制文件
wb	以写方式打开一个二进制文件
ab	以追加方式打开一个二进制文件
rb+	以读写方式打开一个二进制文件
wb+	以读写方式新建一个二进制文件

说明：

(1) r：读取模式，默认值。用 r 方式打开的文件仅允许读取数据，而不允许向该文件输出数据。此外，该文件在尝试以 r 模式打开之前应该已经存在；若文件不存在，则系统会抛出异常，明确提示文件不存在。

(2) w：写入模式。若文件已存在，使用 w 模式打开时，该文件原有内容会被覆盖；若文件不存在，则会新建一个文件。在使用 w 模式打开文件的情况下，仅允许向该文件写入数据，而不允许读取数据。

(3) a：追加模式。当文件已存在时，采用 a 模式打开文件，新写入的数据将被追加至文件末尾；若文件尚未存在，则会创建一个新文件。在 a 模式下，文件的操作不仅限于追加写入数据，实际上也支持读取文件中已存在的数据。然而，值得注意的是，a 模式的主要设计目的是实现数据的追加写入。尽管技术上允许读取操作，但这一功能并非 a 模式的主要应用场景。因此，在描述 a 模式时，本部分将重点强调其追加写入的能力。

(4) r+、w+和 a+：这些模式允许同时读取和写入文件。使用 r+模式打开文件时，需要确保该文件已经存在，以便能够读取其中的数据。使用 w+模式则会新建一个文件(如果文件已存在，则覆盖原有内容)，并允许先向此文件写入数据，然后读取此文件中的数据。使用 a+模式打开的文件，原来的文件内容不会被删除。可以在文件末尾追加数据，同时也可以读取文件内容。

(5) rb 或者 wb：二进制模式，用于读写二进制文件。在这些模式下，不会对回车换行符进行转换。

(6) +：更新模式，表示文件可以同时被读取和写入。该模式通常与其他模式结合使用(如'r+'、'w+'、'a+')。

(7) 文本文件与二进制文件的处理差异：在读取文本文件中的数据时，回车换行符(在 Windows 系统中通常为\r\n)可能会被转换为一个换行符(\n)。同样地，在向文本文件输出数据时，换行符(\n)可能会被转换成回车和换行两个字符(在 Windows 系统中为\r\n)。然而，在使用二进制模式读写文件时，不会发生这种转换。在内存中的数据形式与输出到外部文件中的数据形式完全一致，一一对应。

本项目命名为 Data_analy，其项目目录设定在 D:/Data_analy 路径下。在此目录下，集中存储了本项目所需的所有实例代码以及数据文件。特别地，有一个名为 data.txt 的文件，该文件包含了多行数据，具体数据内容可参照图 10-1 进行查看。

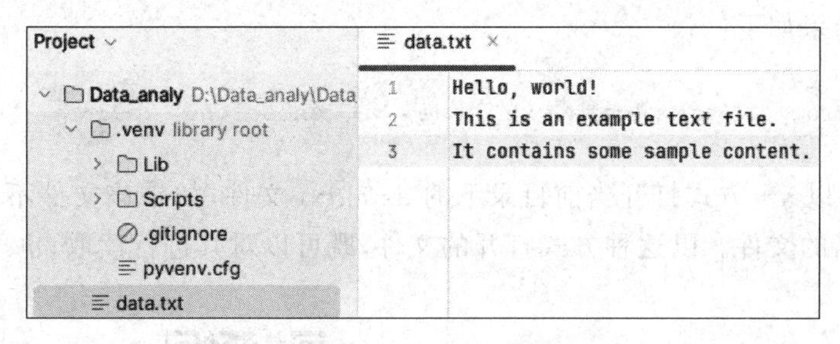

图 10-1 data.txt 数据

例 10-1 以只读模式打开 data.txt 文件。

以下示例代码展示了如何以只读模式(r 模式)打开位于项目目录下的 data.txt 文件。

```
fr = open('data.txt', 'r')
# 打印
print(fr)
```

程序运行结果如下：

```
_io.TextIOWrapper name= 'data.txt' mode= 'r' encoding= 'cp936'>
```

说明：程序以默认的 r 方式打开当前目录下的 data. txt 文件，然后显示文件对象 file，如果该文件不存在，则会抛出 IOError 异常。以这种方式打开的文件，只能对其进行读取操作，否则也会抛出 IOError 异常。

例 10-2　以写模式打开 data. txt 文件。

以下示例代码展示了如何以写模式(w 模式)打开位于项目目录下的 data. txt 文件。

```
fw = open('data.txt', 'w')
# 打印
print(fw)
```

程序运行结果如下：

```
io.TextIOWrapper name= 'data.txt' mode= 'w' encoding= 'cp936'>
```

说明：程序以 w 方式打开当前目录下的 data. txt 文件，如果该文件不存在，则会创建以 data. txt 命名的文件。以这种方式打开的文件，只能对其进行写入操作，否则会抛出 IOError 异常。

例 10-3　以读写追加模式打开 data. txt 文件。

以下示例代码展示了如何以读写追加模式(a+模式)打开位于项目目录下的 data. txt 文件。

```
fa = open('data.txt','a+')
# 打印
print(fa)
```

程序运行结果如下：

```
io.TextIOWrapper name= 'data.txt' mode= 'a+' encoding= 'cp936'>
```

说明：程序以 a+方式打开当前目录下的 data. txt 文件，如果该文件不存在，则会创建以 data. txt 命名的文件。以这种方式打开的文件，既可以对其进行读取，也可以在文件末尾写入。

微课 10-1：文件的打开

10.2.3　文件的关闭

在完成对文件的操作后，应当关闭文件，以确保资源的有效管理和防止潜在的误用。关闭文件的实质是断开文件引用变量与文件对象之间的关联，此后便不能通过该引用变量对原先关联的文件执行读写操作，除非重新打开文件并建立新的引用。

1. 使用 close()方法

Python 提供了 close()方法关闭文件。该方法的一般调用形式如下：

```
file.close()
```

其中，file 是指向所打开的文件的引用变量。

例如：

```
file = open('D:\\data.txt', 'r+')
file.close()
```

使用 open()函数打开一个文件，并将返回的文件对象赋值给变量（如 file）。此时，file 变量就指向了打开的文件对象，允许通过该变量执行文件的读写操作。完成操作后，需调用 close()方法关闭文件，以释放文件描述符、内存缓冲区等系统资源，并确保对文件的更改被正确保存至磁盘，防止数据丢失或损坏。

在 Python 编程中，养成及时关闭文件的良好习惯至关重要，特别是在处理大量文件或运行时间较长的程序中。若程序结束前未关闭所有文件，可能导致数据丢失，因为写入文件的数据首先被存储在缓冲区，仅当缓冲区满或文件关闭时，数据才会被真正写入文件。若程序在缓冲区未满时终止，则缓冲区中的数据可能会丢失。为避免此情况，应使用 close()方法关闭文件，该方法会先将缓冲区中的数据写入磁盘，然后断开文件变量与文件的关联。

2. 使用 with

with 语句作为一种上下文管理器，用于简化资源管理任务，如文件的打开与关闭、锁的获取与释放等。使用 with 语句可以确保在代码块执行完毕后，资源被自动关闭或释放。

with 语句的基本语法如下：

```
with expression as variable:
    # 在这个代码块中，可以使用变量操作资源
    # 当代码块执行完毕，资源会自动关闭或释放
```

例如，以下代码使用 with 语句打开文件。

```
with open('file.txt', 'r') as f:
    content = f.read()
    # 在这个代码块中，可以对文件进行操作
    # 当代码块执行完毕，文件会自动关闭
```

微课 10-2：文件的关闭

10.2.4 文件读取操作

在 Python 编程中,文件的读写操作是处理文件数据的核心功能。通过读取文件,可以获取并处理存储在文件中的信息；而通过写入文件,则可以将数据持久化保存。

对于文本文件的读取,可以使用文件对象的内置方法来实现。以下是几种常用的读取方法。

1. read()方法

read()方法可以一次性将文件中的所有数据读取出来,这是最简单的文件读取方式。该方法的一般调用格式如下：

```
content = file.read([size])
```

其中,size 参数表示读取该文件中的前几个字节的数据,该参数是一个可选参数,不指定(默认值为－1)或指定负值,将读取文件的所有内容。

例 10-4 读取 data.txt 文件的内容。

```
file = open('data.txt', 'r')
# 读取整个文件的内容
content = file.read()
# 打印
print(content)
# 关闭文件
file.close()
```

程序运行结果如下：

```
Hello, world!
This is an example text file.
It contains some sample content.
```

说明：以上程序没有指定 size,默认读取文件所有的内容。

例 10-5 读取 data.txt 文件的部分内容。

```
file = open('data.txt', 'r')
# 读取文件的部分内容
content = file.read(20)
# 打印
print(content)
# 关闭文件
file.close()
```

程序运行结果如下：

```
Hello, world!
This i
```

说明：因为程序指定 size 大小为 20，所以程序结果只显示文件前 20 个字符。

2. readline()方法

readline()方法也可以读取文件的内容，但它的读取方式不同于 read()方法，它每次只读取文件中的一行数据。

语法格式如下：

```
content = file.readline([size])
```

这里的 size 参数也是一个可选参数，但是它与 read()方法中的 size 参数不同，它表示读取当前位置指针指向的行的前几个字节的数据。不指定(默认值为−1)或指定负值，将读取当前位置指针指向的行的所有内容。

student. csv 文件内容为多行结构化数据，如图 10-2 所示。

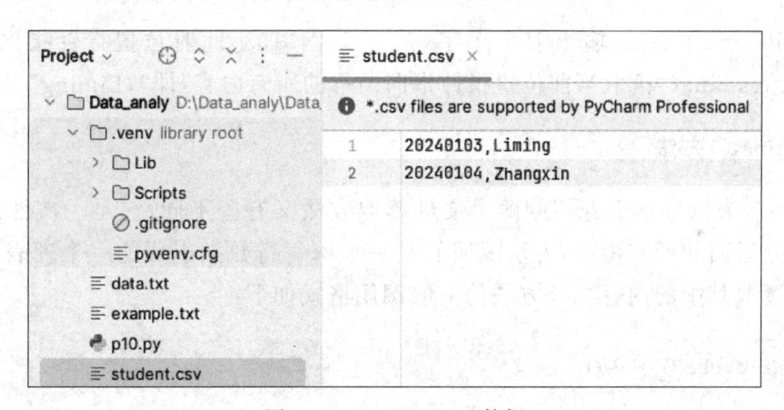

图 10-2　student. csv 数据

例 10-6　使用 readline()方法按照行读取 student. csv 文件的内容。

```
file = open('student.csv', 'r')
# 读取第一行
line1 = file.readline()
# 读取第二行
line2 = file.readline()
# 打印
print(line1)
# 打印
print(line2)
file.close()
```

程序运行结果如下：

```
20240103,Liming
20240104,Zhangxin
```

说明:程序没有设置 size 大小,默认将读取当前位置指针指向的行的所有内容。

例 10-7 使用 readline()方法指定读取 student.csv 文件的内容。

```
file = open('student.csv', 'r')
# 读取当前位置指针所指向行的前 8 字节的数据
line1 = file.readline(8)
# 读取当前位置指针所指向行的所有内容
line2 = file.readline()
print(line1)
print(line2)
file.close()
```

程序运行结果如下:

```
20240103
,Liming
```

说明:file.readline(8)输出前 8 个字符,即 20240103,此时位置指针指向 3 的后面,line2 = file.readline()读取当前位置指针指向的行的所有内容,即“,Liming”。

3. readlines()方法

readlines()方法和前面介绍的两个文件读取方法又有些不同,它是一次性读取当前位置指针指向处后面的所有内容,方法返回的是一个由每行数据组成的一个列表。通常使用迭代的方式读取其中的内容。该方法的一般调用格式如下:

```
list = file.readlines()
```

该方法没有参数。一次性读取所有行,并返回一个包含各行内容的列表。

例 10-8 使用 readlines()方法按照行读取 student.csv 文件的内容。

```
file = open('student.csv', 'r')
# 读取所有行
lines = file.readlines()
for line in lines:
    print(line)
file.close()
```

程序运行结果如下:

```
20240103,Liming

20240104,Zhangxin
```

微课 10-3：文件的读操作

10.2.5　文件写入操作

在 Python 中，将内容写入到文件中包括两个方法，分别是 write()和 writelines()方法，这两个方法的区别在于操作的对象不同，write()方法是把一个字符串写入文件中，而 writelines()方法则是把列表中的字符串内容写入文件中。注意这里并没有 writeline()方法，因为它等价于 write()方法，把以换行符结束的单行字符串写入文件。下面将分别介绍 write()方法和 writelines()方法。

1. write()方法

write()方法是把一个字符串写入文件中。在使用该方法前，open()函数不能以 r 的方式打开一个文件。

语法格式如下：

```
file.write(content)
```

其中，content 参数表示要写入的内容，可以是一个字符串或指向字符串对象的变量，还可以是它们组成的合法的字符串表达式。

例 10-9　向文件 mywrite.txt 里写入内容。

```
with open("mywrite.txt","w") as file:
    # 向文件中写入一些内容
    file.write("这是一个有趣的文本文件操作示例。\n")
    file.write("我们将向其中写入一些内容，然后读取并打印出来。\n")
    file.write("这个例子虽然简单，但具有实际应用价值，可以用于处理和分析文本数据。\n")
# 读取并打印文件的内容
with open("mywrite.txt","r") as file:
    content = file.read()
    print(content)
```

注意：写入文件 mywrite.txt，如果文件不存在，将会创建一个新文件；如果文件已存在，写入模式将会清空文件中的内容。

写入文件 mywrite.txt 内容的结果如图 10-3 所示。

2. writelines()方法

writelines()方法也可以用于对文件进行写入操作，与 write()方法不同的是，该方法是把一个列表的内容都写入文件中。

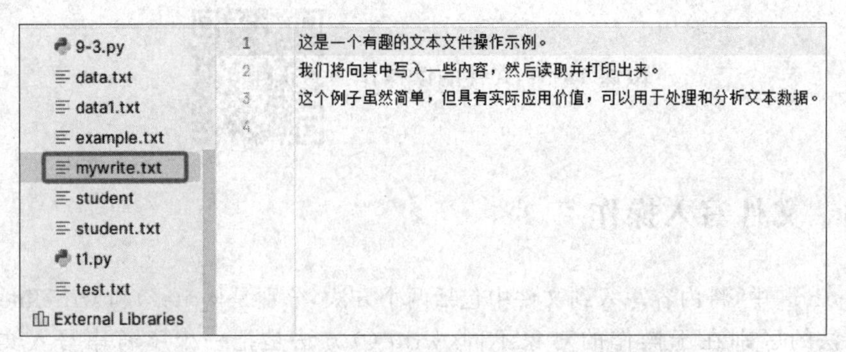

图 10-3　写入文件

语法格式如下：

```
file.writelines(strList)
```

该方法写入多行数据,将字符串列表作为参数传递。

例 10-10　使用 writelines()方法按照行写入内容到 example. txt 文件中。

```
file = open('example.txt','w')
lines = ['hello\n', 'word\n', 'how']
file.writelines(lines)
file.close()
```

该程序定义了一个含三个字符串元素的列表,并且前两个字符串都以换行符结束,这样才能以分行的形式存储它们。写入文件的结果如图 10-4 所示。

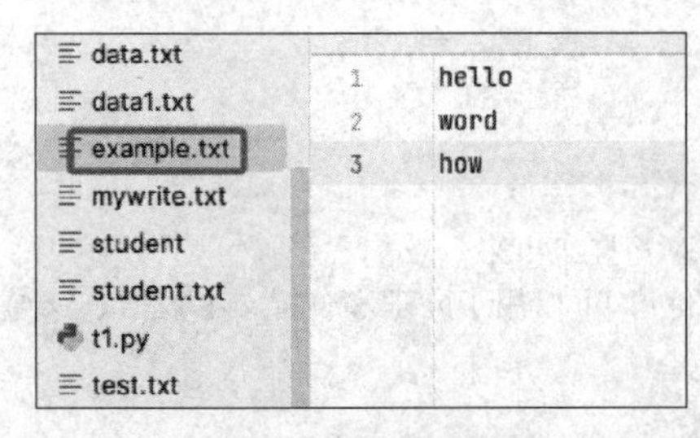

图 10-4　文件写入结果

职业素养提升

(1) 遵守法律法规。在文件操作中,编写代码要符合规范和合规要求,这体现了遵守法律法规、社会规范的思政意识,可以体现对社会责任和公平正义的关注,比如避免不当竞争、假冒伪劣等行为,维护市场秩序和社会公平。可以促进技术创新和进步,提高工作效率和生产力,为社会发展作出贡献,这体现了对技术发展的积极态度和对未来的信心。

(2) 注重数据安全。在文件读写过程中,要注重信息安全和隐私保护。需要考虑信息安全和隐私保护,避免泄露个人或机构的敏感信息,从而体现尊重个人隐私权和信息安全的思政理念。

微课 10-4：文件的写操作

10.3　项目实现

该项目包含一个任务,任务序号是 T10-1,任务名称是销售数据分析。

10.3.1　分析与设计

1. 需求分析

东方商店的销售部门需要统计本月的商品销售额,数据存储在文本文件中,该文件包含产品名称和销售额,每行以逗号分隔。现在需要读取该文本文件数据,然后进行数据分析,去掉数据为空的行,获取销售额信息并转换为浮点数,最后计算出所有产品的销售总额。

(1) 数据存储。数据存储在 sale_data.csv 文件中,格式为每行包含一个产品的名称和销售额,以逗号分隔。数据内容如表 10-3 所示。

表 10-3　sale_data.csv 的内容

产　品	销售额/万元
手机	1000
台式机	2000
笔记本	3000
冰箱	4000
手机	2000
笔记本	3000
冰箱	1000

(2) 数据处理。

① 读取文件。首先需要打开并读取文件中的内容。

② 解析数据。按行读取内容,然后使用逗号分隔每行,获取产品名称和销售额。

③ 清洗数据。检查销售额数据,去除为空的行。

④ 数据类型转换。将销售额从字符串转换为浮点数,以便进行数学运算。

(3) 输出文件。

① 计算总销售额。将所有产品的销售额加总。

② 输出结果。将计算出的总销售额输出到屏幕或写入 sale_total.csv 中。

2. 流程设计

该项目流程图如图 10-5 所示。

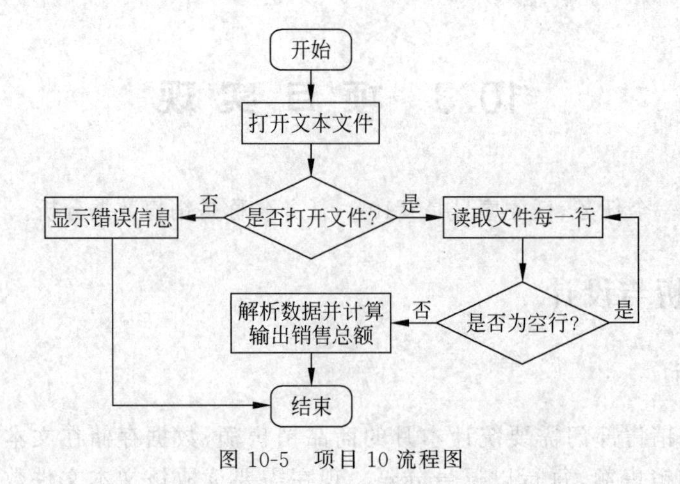

图 10-5 项目 10 流程图

10.3.2 代码编写

该项目能够获取文件内容,然后进行销售额统计。

项目参考源代码如下:

```
import csv
# 指定原始 CSV 文件路径和目标 CSV 文件路径
csv_file_path = 'sale_data.csv'
output_csv_file_path = 'sale_total.csv'
# 初始化总销售额
total_sales = 0
# 打开原始 CSV 文件和目标 CSV 文件
with open(csv_file_path,'r', newline='') as input_file, \
        open(output_csv_file_path, 'w', newline='') as output_file:
    # 创建 CSV 读取器和写入器
    csv_reader = csv.reader(input_file)
    csv_writer = csv.writer(output_file)
    # 跳过头部行
    next(csv_reader)
    # 遍历每一行销售记录
    for row in csv_reader:
        # 获取销售金额,并将其转换为浮点数
        sales_amount = float(row[1])  # 假设销售金额在第二列
        # 累计销售金额到总销售额
        total_sales += sales_amount
    # 将总销售额写入目标 CSV 文件
    csv_writer.writerow(['Total Sales', total_sales])
# 打印总销售额
print("总销售额:", total_sales, "万元")
```

10.3.3　运行并测试

（1）调试程序，发现如下错误，如图 10-6 所示。

```
D:\Data_analy\Data_analy\.venv\Scripts\python.exe D:\Data_analy\Data_analy
Traceback (most recent call last):
  File "D:\Data_analy\Data_analy\p10.py", line 8, in <module>
    with open(csv_file_path, 'r', newline='') as input_file, \
         ^^^^^^^^^^^^^^^^^^^^^^^^^^^^^^^^^^^^^^
FileNotFoundError: [Errno 2] No such file or directory: 'sale_data.csv'

Process finished with exit code 1
```

图 10-6　项目调试

提示错误：No such file or directory：'sale_data. csv'。

错误原因：这个错误提示表示在尝试打开名为 sale_data. csv 的文件时，找不到该文件。请确保文件名和路径正确，且文件确实存在于指定的位置。

修改方法：将已准备好的文件 sale_data. csv 复制到项目目录下。

（2）运行程序。运行结果如图 10-7 所示。

```
sale_csv.py
 3  csv_file_path = 'sale_data.csv'
 4  output_csv_file_path = 'sale_total.csv'
 5  # 初始化总销售额
 6  total_sales = 0
 7  # 打开原始CSV文件和目标CSV文件
 8  with open(csv_file_path, 'r', newline='') as input_file, \
 9          open(output_csv_file_path, 'w', newline='') as output_file:
10      # 创建CSV读取器和写入器
11      csv_reader = csv.reader(input_file)
12      csv_writer = csv.writer(output_file)
13      # 跳过头部行
14      next(csv_reader)
15      # 遍历每一行销售记录
16      for row in csv_reader:
17          # 获取销售金额，并将其转换为浮点数
18          sales_amount = float(row[1])  # 假设销售金额在第二列
19          # 累加销售金额到总销售额
20          total_sales += sales_amount
21      # 将总销售额写入目标CSV文件
22      csv_writer.writerow(['Total Sales', total_sales])

Run  sale_csv
D:\Data_analy\venv\Scripts\python.exe D:\Data_analy\sale_csv.py
总销售额: 16000.0 万元

Process finished with exit code 0
```

图 10-7　项目运行结果

说明：程序通过 next()函数跳过文件头部，通过 csv. reader()创建读入器对象，通过 csv. writer()创建写入器对象，并采用 csv_writer. writerow()方法按照行写入 CSV 文件中。最终 sale_total. csv 里的文件内容如图 10-8 所示。

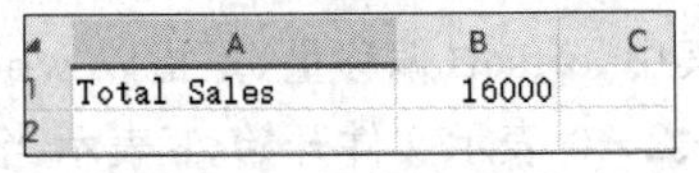

	A	B	C
1	Total Sales	16000	
2			

图 10-8　sale_total. csv

小记录：

你在程序生成过程中发现________个错误，错误内容如下。

____

____

____

____

大发现：

____

____

微课 10-5：项目 10 实现

10.4 知识拓展

10.4.1 其他读写方法

文件中有一个位置指针，指向当前读写的位置。如果顺序读写一个文件，每次读写一个字符(字节)，则读写完一个字符(字节)后，该位置指针自动移动指向下一个字符(字节)。除了这种顺序读写的方式，Python 提供了另外两种方法，分别是 seek()方法和 tell()方法，seek()方法以实现随机读写文件的功能，tell()方法可以获得位置指针的当前位置。

1. seek()方法

seek()方法对于在文件中定位和操作特定位置的数据非常有用。seek()方法可以对文件进行顺序读写，也可以进行随机读写，关键在于控制文件的位置指针。如果位置指针按照字节位置顺序移动，就是顺序读写；而如果可以将位置指针按照需要移动到任意位置，就可以实现随机读写。所谓随机读写，是指读取或写入完一个字符(字节)后，并不一定要继续读取或写入其后续的字符(字节)，而可以读取或写入文件中任意位置上所需的字符(字节)。通过使用 seek()方法，可以实现改变文件的位置指针，从而实现随机读写。

语法格式如下：

```
file.seek(offset, whence=0)
```

其中，offset(偏移量)是指以 whence 为基点往后移动的字节数。whence(起始点)的值为 0、1、2。0 表示文件开始，1 表示当前位置，2 表示文件末尾，默认值为 0，即文件开始。

例 10-11　使用 seek()方法读取 myseek. txt 文件的内容。

```
f = open('myseek.txt', 'w+')
strList = ['hello\n', 'word\n','how']
f.writelines(strList)
# 使位置指针移到文件开头
f.seek(0)
result1 = f.read(1)
print('result1:', result1)
# 使位置指针移到当前位置
f.seek(0, 1)
result2 = f.read(4)
print('result2:', result2)
f.close()
```

程序运行结果如下：

```
result1:h
result2:ello
```

说明：程序第一次调用 seek()方法，只传一个值 0，表示把位置指针移到以文件开头(默认值 0)为基点，往后偏移量为 0 字节的位置，即文件开头的位置，然后读取 1 字节的数据并赋给 result1，因此 result1 的内容就是 h。第二次调用 seek()方法，以当前位置(h 后面，e 的前面)为基点，往后偏移量为 0 字节的位置，即字符 h 的后面位置，然后读取 4 字节的数据并赋给 result2，因此 result2 的内容就是 ello。

2. tell()方法

tell()方法可以得到位置指针的当前位置，用相对于文件开头的位移量(单位是字节)来表示。由于文件中的位置指针经常移动，不容易知道其当前位置。可以用 tell()方法可以获得其当前位置。

语法格式如下：

```
file.tell()
```

例 10-12　使用 seek()和 tell()方法读取 mytell. txt 的内容。

```
f = open('mytell.txt', 'w+')
strList = ['Java\n', 'C++\n', 'Python']
f.writelines(strList)
print('位置指针相对于文件开头的偏移量(单位为字节):', f.tell())
f.seek(2)
print('位置指针相对于文件开头的偏移量(单位为字节):', f.tell())
content = f.read()
print(content)
f.seek(4)
print('位置指针相对于文件开头的偏移量(单位为字节):', f.tell())
content = f.read()
```

```
print(content)
f.close()
```

程序运行结果如下：

```
位置指针相对于文件开头的偏移量(单位为字节):17
位置指针相对于文件开头的偏移量(单位为字节):2
va
C++
Python
位置指针相对于文件开头的偏移量(单位:字节):4

C++
Python
```

说明：程序把列表 strList 的内容写入文件中，在写入时，把一个换行符转换成回车换行 2 个字符，由于 strList 列表有两个换行符，转换后就包含 4 个字符，再加上普通字符(13 个)，共 17 个字符。执行完写入操作时，位置指针就移到文件末尾，因此第一次调用 tell()方法，返回结果为 17。然后第二次调用 seek()方法，使位置指针移到文件开头后的 2 个字符处，即字符 a 的后面，v 的前面。接着调用 tell 方法，返回就是 2，读取并输出剩下的内容(两个回车换行符转换为换行符)。第三次调用 seek()方法时，使位置指针移到文件开头后的 4 个字符处，即 Java 字符中第二个 a 的后面，回车符的前面。调用 tell()方法，返回就是 4，最后读取剩下的内容。

微课 10-6：其他读写方法

10.4.2　文件操作

Python 中，还存在重命名文件或目录，删除文件和文件夹，创建文件夹等操作，这些操作可通过标准库中的 os 模块实现。需要注意的是，当重命名文件时，要确保目标文件名不与当前目录下的其他文件名冲突，以避免不必要的数据丢失。删除文件或者文件夹时，要确保文件或者文件夹存在，并且要有足够的操作权限，否则会引发异常。os 模块除了提供使用操作系统功能和访问文件系统的简便方法外，还提供了大量文件操作的方法，如表 10-4 所示。

表 10-4　os 模块常用的文件操作方法

方　法	功能说明
rename(src,dst)	重命名文件或目录
remove(path)	删除指定的文件
mkdir(new_folder)	创建文件夹

续表

方　　法	功能说明
getcwd()	获取当前目录
chdir(new_folder)	改变默认目录到新目录
rmdir('old_folder')	删除文件夹

1. 重命名文件 old_name. txt

```
import os
# 重命名文件:从“old_name.txt”到“new_name.txt”
os.rename('old_name.txt', 'new_name.txt')
```

2. 删除文件 sample. txt

```
import os
# 删除文件“sample.txt”
os.remove('sample.txt')
```

3. 创建文件夹 new_folder

```
import os
# 创建一个名为“new_folder”的新文件夹
os.mkdir('new_folder')
```

4. 获取当前目录

```
import os
# 打印当前工作目录
print(os.getcwd())
```

5. 改变当前工作目录到 new_folder

```
import os
# 改变当前工作目录到 new_folder
os.chdir('new_folder')
```

6. 获取当前目录下所有文件和文件夹的列表并打印

```
import os
# 获取当前目录下所有文件和文件夹的列表并打印
print(os.listdir('.'))
```

7. 删除文件夹 old_folder

```
import os
# 删除名为"old_folder"的文件夹
os.rmdir('old_folder')
```

例 10-13 批量删除指定目录下的指定类型的所有文件。

```
import os

def batch_process(directory, extension):
    # 获取指定目录下的所有文件
    for filename in os.listdir(directory):
        # 文件扩展名与输入的扩展相同
        if filename.endswith(extension):
            # 将路径与文件名连接起来
            filepath = os.path.join(directory, filename)
            # 在这里添加对每个文件的处理逻辑
            print(f"删除文件:{filepath}")
            # 删除文件
            os.remove(filepath)

directory = input("请输入要处理的目录路径:")
extension = input("请输入要处理的文件扩展名(例如:.txt):")
batch_process(directory, extension)
```

微课 10-7:文件操作

10.5 项目改进

对该项目及其统计的销售结果是否满意?此外,对于该项目,是否存在可提出改进与完善建议的空间?若具备相应能力,是否能够实现这些改进?

(1) Python 读取文件可能会面临各种问题,比如文件不存在、权限错误、文件损坏等。需要抛出异常,通过抛出异常,程序可以在出现问题时立即停止执行,并根据异常类型执行相应的处理逻辑。在后续学习中尝试添加异常处理。

(2) 在电商数据分析的过程中,通常需要计算销售总额、月平均销售额以及各个产品的销售额。当数据源中新增月份这一维度时,能够进一步计算出每个产品在不同月份的销售额以及相应的月平均销售额。

10.6 Python 进行数据分析的应用领域

Python 已经在许多大型数据分析项目中发挥了关键作用。自从 2019 冠状病毒病(Corona Virus Disease 2019,COVID-19)暴发后,Python 被广泛用于疫情数据的收集、处理、分析和可视化。研究人员和数据科学家使用 Python 来预测病毒传播趋势、评估公共卫生政策的影响,以及帮助制定疫苗分配策略。

(1) 气候变化研究。在气候科学领域,Python 用于处理和分析大量的气象数据,模拟气候变化的影响,并预测未来的气候模式。这些分析对于理解全球变暖的影响和制定应对措施至关重要。

(2) 金融市场分析。金融机构使用 Python 进行高频交易数据分析、风险管理、量化策略开发等。Python 的库如 pandas 和 NumPy 在处理时间序列数据和进行复杂的数学计算方面非常有用。

(3) 大数据平台。大型科技公司如 Google、Facebook 和 Amazon 等在其大数据平台中使用 Python 进行数据挖掘、机器学习和推荐系统的开发。这些平台处理着海量的用户数据,用于改善服务和个性化用户体验。

(4) 生物信息学和基因组学。Python 在生物信息学领域中用于分析基因组数据、蛋白质结构预测、药物发现等。BioPython 是一个流行的库,它提供了许多工具来处理生物学数据。

(5) 天文学和空间探索。美国国家航空航天局(National Aeronautics and Space Administration,NASA)和其他空间机构使用 Python 来处理和分析从太空任务中收集的大量数据。Python 帮助科学家理解宇宙的结构,以及分析行星、恒星和其他天体的数据。

练　一　练

1. 用只读模式打开一个文本文件 test. txt。
2. 读取文本文件 study. txt 里的内容并且打印结果。
3. 读取 teacher. csv 文件里的内容并且打印结果。
4. 将教师信息存储到 teacher. txt 文件里。
5. 将水果信息存入 fruit. csv 文件里。

测　一　测

扫码进行项目 10 在线测试。

项目 11　数据校验

学习目标

知识目标：

1. 了解 Python 异常处理的基本概念。
2. 掌握 Python 异常捕获和处理的方法。

技能目标：

1. 能够识别常见的异常类型。
2. 能够使用 try...except 块捕获与处理异常解决异常。
3. 能够使用 raise 关键字来触发异常。

素质目标：

1. 培养严谨、认真、负责的软件测试能力。
2. 培养安全编程的意识和习惯，懂得及时升级和更新软件版本。
3. 培养学生的信息安全意识和防范能力，不下载来历不明的软件。

11.1　项目情景

《“健康中国 2030”规划纲要》于 2016 年 10 月 25 日印发并实施，是为推进健康中国建设，提高人民健康水平，根据党的十八届五中全会战略部署制定。

某社区为方便居民社区的健康监测，方便家庭医生记录，方便及时给居民提供参考，设计一个数据校验项目——居民肺活量达标监测。

社区医生组织 35 岁以上居民测试肺活量，然后将居民的相关信息输入系统，通过相关公式预测肺活量水平高低。

为了保证监测结果相对准确，需要确保输入数据的有效性，防止居民人为主观输入非法字符，需要对输入的数据校验，保证监测结果的有效性。

该软件的核心功能是数据校验，通过校验，保证录入数据的准确性，进而判断输出肺活量监测值。基于对该项目的需求分析，项目经理列出需要完成的任务清单如表 11-1 所示。

表 11-1　项目 11 任务清单

任务序号	任务名称	知识储备
T11-1	数据校验——居民肺活量达标情况监测	• 异常种类及处理机制 • 捕获与处理异常 • 触发异常 • 自定义异常 • 回溯最后的异常

11.2　相关知识

11.2.1　异常概述

在 Python 程序中,经常会存在语法错误和异常。语法错误通常是程序员在编写程序时不小心出错造成,编译时就会报错。异常与语法错误无关,是一个事件,该事件会在程序执行过程中发生,影响了程序的正常执行。

尝试输入如下程序,再输入 4a,看一看运行结果吧。

```
import math

# 尝试输入如下程序,再输入 4a,看一看运行结果吧
m = input("编写程序求平方根,请输入一个数:")
n = float(m)
print(math.sqrt(n))
print("求平方根结束")
```

执行程序时,如果输入的数不是有效的数值,比如－4、4a 等,执行中就会出现错误。

执行结果如下:

```
编写程序求平方根,请输入一个数:4a
Traceback (most recent call last):
  File "D:\Python\Project11\test0.py", line 4, in <module>
    n=float(m)
ValueError: could not convert string to float: '4a'
```

Python 异常是指在程序运行中所产生的错误,即代码在无法正常执行的情况下就会产生异常。这个错误可以是 Python 内置的错误类型,也可以是开发者自定义的错误类型。内置异常如除零、下标越界、文件不存在、类型错误、名字错误、字典键错误、磁盘空间不足、网络异常、硬盘故障等。

异常是一个事件,该事件会在程序执行过程中发生,影响了程序的正常执行。一般情况下,当 Python 脚本发生异常时我们需要捕获处理它,否则程序会终止执行。如果这个异常对象没有进行处理和捕捉,程序就会用所谓的回溯(traceback,一种错误信息)终止执行,这些信息包括错误的名称(例如 ValueError)、原因和错误发生的行号。

异常是 Python 对象,异常也是一个类。从内置类的层次结构看,语法错误只是整个错误结构中非常小的一部分。有趣的是,语法错误类(syntax error)也属于异常类(exception)的一部分。广义的异常其实也包括了语法错误。

常见的十类异常如下。

1. TypeError

当操作或函数应用于不适当类型的对象时引发该异常。例如:

```
a = 'hello'
b = 8
print(a + b)
```

本例中尝试将整数 8 和字符串"hello"相加,这是不允许的,因为它们是不同的类型。

输出结果如下:

```
Traceback (most recent call last):
  File "D:\Python\Project11\Demo.py", line 3, in <module>
    print(a + b)
TypeError: can only concatenate str (not "int") to str
```

2. ValueError

当函数或操作的参数具有正确的类型但不合法时引发该异常。例如:

```
int('abc')
```

本例中尝试将字符串'abc'转换为整数,但是'abc'不是一个有效的整数,因此会引发 ValueError 异常。

输出结果如下:

```
Traceback (most recent call last):
  File "D:\Python\Project11\Demo.py", line 1, in <module>
    int('abc')
ValueError: invalid literal for int() with base 10: 'abc'
```

3. NameError

当尝试访问一个未定义的变量时,会抛出 NameError 异常。例如:

```
print(a)
```

本例中尝试打印变量 x 的值,但是 x 没有被定义,因此会引发 NameError 异常。

输出结果如下:

```
Traceback (most recent call last):
  File "D:\Python\Project11\Demo.py", line 1, in <module>
```

```
    print(a)
NameError: name 'a' is not defined
```

4. IndexError

当尝试访问列表、元组或字符串中不存在的索引时引发该异常。例如：

```
a = [1, 2, 3]
print(a[3])
```

本例中尝试访问列表 a 的第 4 个元素，但是 a 只有 3 个元素，因此会引发 IndexError 异常。

输出结果如下：

```
Traceback (most recent call last):
  File "D:\Python\Project11\Demo.py", line 2, in <module>
    print(a[3])
IndexError: list index out of range
```

5. KeyError

当尝试访问字典中不存在的键时引发该异常。例如：

```
d = {'a': 1, 'b': 2}
print(d['c'])
```

本例中尝试访问字典 d 中不存在的键 c，因此会引发 KeyError 异常。

输出结果如下：

```
Traceback (most recent call last):
  File "D:\Python\Project11\Demo.py", line 2, in <module>
    print(d['c'])
KeyError: 'c'
```

6. ZeroDivisionError

当尝试除以零时引发该异常。例如：

```
a = 1 / 0
```

本例中尝试将 5 除以 0，这是不允许的，因为除数不能为零，因此会引发 ZeroDivisionError 异常。

输出结果如下：

```
Traceback (most recent call last):
  File "D:\Python\Project11\Demo.py", line 1, in <module>
    a = 1 / 0
ZeroDivisionError: division by zero
```

7．IOError

当尝试读取不存在的文件或无法访问文件时引发该异常。例如：

```
f = open('nonexistent_file.txt', 'r')
```

本例中尝试打开一个不存在的文件 nonexistent_file.txt，因此会引发 IOError 异常。

输出结果如下：

```
Traceback (most recent call last):
  File "D:\Python\Project11\Demo.py", line 1, in <module>
    f = open('nonexistent_file.txt', 'r')
FileNotFoundError: [Errno 2] No such file or directory: 'nonexistent_file.txt'
```

8．ImportError

当尝试导入不存在的模块或包时引发该异常。例如：

```
import nonexistent_module
```

本例中尝试导入一个不存在的模块 nonexistent_module，因此会引发 ImportError 异常。

输出结果如下：

```
Traceback (most recent call last):
  File "D:\Python\Project11\Demo.py", line 1, in <module>
    import nonexistent_module
ModuleNotFoundError: No module named 'nonexistent_module'
```

9．AttributeError

当尝试访问对象不存在的属性时引发该异常。例如：

```
s = 'hello'
print(s.uppercase())
```

本例中尝试调用字符串 s 的不存在的方法 uppercase()，因此会引发 AttributeError 异常。

输出结果如下：

```
Traceback (most recent call last):
  File "D:\Python\Project11\Demo.py", line 2, in <module>
    print(s.uppercase())
AttributeError: 'str' object has no attribute 'uppercase'
```

10．KeyboardInterrupt

当用户中断程序执行时引发该异常。例如：

```
while True:
    x = input('请输入一个字符: ')
```

本例中在一个无限循环中等待用户输入一个数字,但是如果用户单击"停止调试"按钮,程序会引发 KeyboardInterrupt 异常,可以捕获这个异常并打印一条消息。

输出结果如下:

```
请输入一个字符: Traceback (most recent call last):
  File "D:\Python\Project11\Demo.py", line 2, in <module>
    x = input('请输入一个字符: ')
  File "C:\Test\Python 3.10.6\lib\codecs.py", line 319, in decode
    def decode(self, input, final=False):
KeyboardInterrupt
```

11.2.2 捕获与处理异常

异常处理是 Python 中的重要概念之一,开发人员应该了解如何正确地捕获和处理异常,以确保程序的稳定性和可靠性。

在 Python 中,可以使用 try...except 语句块来捕获异常并进行处理,try...except 语句块定义了监控异常的一段代码,并提供了处理异常的机制。try...except 语句块中包含可能会出现异常的代码,如果出现异常,则会跳转到 except 语句块中进行处理。可以使用多个 except 语句块来处理不同类型的异常,也可以使用一个 except 语句块来处理所有类型的异常。此外,还可以通过 else 和 finally 子句进行更细致的控制。如果你不想在异常发生时程序突然崩溃,只需在 try 里捕获它。

1. try...except 基本语句

try...except 基本语句的语法格式如下:

```
try:
   语句块 1         # try 与 except 之间编写可能会出现异常的代码
except [异常类型 [as 变量]]:
   语句块 2         # 此处为捕获异常后的处理代码
```

以上语法中,[]内的内容表示可以省略。

其语句执行流程(图 11-1)如下。

try...except 语句块可以捕获与处理程序的单个、多个或全部异常。

(1) 单个异常语句写法 1。

```
try:
   语句块 1         # try 与 except 之间编写可能会出现异常的
                      代码
except 异常类型 as 变量:
    print(变量) # 捕获异常后的处理代码
```

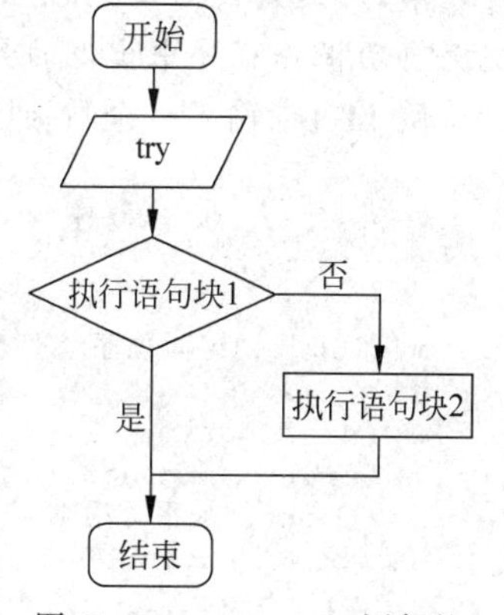

图 11-1 try...except 语句的执行流程

为了区分不同的错误信息,可以使用 as 获取系统反馈的信息。

(2) 单个异常语句写法 2。

```
try:
   语句块 1             # try 与 except 之间编写可能会出现异常的代码
except 异常类型:       # except 这里指明异常的类型,不写变量
    print("出错了") # 捕获异常后的处理代码
```

(3) 多个异常语句写法 1。

```
try:
   语句块 1            # try 与 except 之间编写可能会出现异常的代码
except (异常类型 1,异常类型 2) as 变量:
    print(变量)      # 捕获异常后的处理代码
```

(4) 多个异常语句写法 2。

```
try:
    # 这里是可能产生异常的代码
except 异常类型 1:
    # 这里是处理异常类型 1 的代码
except [异常类型 2]:   # 如果不写异常类型 2,表示捕捉余下的所有异常
    # 这里是处理异常类型 2 的代码
```

(5) 全部异常语句写法。

```
try:
   语句块 1                     # try 与 except 之间编写可能会出现异常的代码
except [Exception] as 变量 :# 异常类型设置为 Exception 或省略不写
    print(变量)                # 捕获异常后的处理代码
```

注意:

(1) 当程序中出现大量异常时,捕获这些异常是非常麻烦的。这时可以在 except 语句块中不指明异常的类型,这样不管发生何种类型的异常,都会执行 except 里面的处理代码。

(2) 为了区分不同的错误信息,可以使用 as 获取系统反馈的信息。

(3) 上述写法中,主要区别在于 except 语句块中是否编写异常类型或变量。异常类型可以不写,这是因为 Python 解释器内部有一个基类(object),即异常的基类 Exception,系统会自动根据程序中出现的异常类型打印对应的异常内容。

例 11-1 输入一个数,计算该输入数值的平方根。

```
# 输入 12a,-4,查看程序的执行结果
import math

m = input("编写程序求平方根,请输入一个数:")
try:
    n = float(m)
    print(math.sqrt(n))
    print("求平方根结束")
except Exception as error:
    print(error)
print("程序结束")
```

执行结果 1：

```
编写程序求平方根,请输入一个数:12a
could not convert string to float: '12a'
程序结束
```

执行结果 2：

```
编写程序求平方根,请输入一个数:-4
math domain error
程序结束
```

2. try...except 组合语句

（1）try...except...else 结构。

语法格式如下：

```
try:
语句块 1                                # 可能出错的代码
except[异常类型 [as 变量]]:             # 将捕获到的异常对象赋值给变量
语句块 2                                # 捕获异常后的处理代码
else:
语句块 3                                # 未捕获异常后的处理代码
```

try...except...else 结构在没有异常的时候,就会执行 else 里面的代码。这种组合使用较少。

例 11-2　编写程序访问列表 a 中的元素,考虑异常情况。

```
try:
    a = [1, 2, 3, 4, 5]
    i = int(input("输入列表索引:"))
    b = a[i]
except IndexError as error:
    print(error)
else:
    print(b)
```

依次访问列表 a 下标 3 和下标 6 对应的元素,看一下运行结果有什么不同。

执行结果 1：

```
输入列表索引:3
4
```

执行结果 2：

```
输入列表索引:6
list index out of range
```

说明：若是 try 语句块没有出现异常，则执行完 try 语句块就执行 else 语句块；若是 try 语句块出现异常，则执行 except 语句块，就不再执行 else 语句块。

(2) try...except...finally

语法格式如下：

```
try:
    语句块 1                          # 可能出错的代码
except[异常类型 [as 变量]]:           # 将捕获到的异常对象赋值给变量
    语句块 2                          # 捕获异常后的处理代码
finally:
    语句块 3                          # 无论是否发生异常都会执行的代码
```

例 11-3 编写一个程序，无论是否发生异常，最后都关闭文件对象。

```
content="白日依山尽,黄河入海流。欲穷千里目,更上一层楼。"
try:
    # 以"写"模式打开文件
    fp = open('test.txt','w', encoding='utf-8')
    fp.write(content)                          # 写入 content 中的字符串
    fp.seek(0)                                 # 文件指针回到文件开头
    test = fp.read()                           # 读取文件内容
except :
    print("文件读写权限错误")
else:
    print(test) # 如果没有异常输出内容
finally:
    # 无论是否触发异常都会被执行,可确保文件关闭
    fp.close()
    print("文件关闭")
```

执行结果如下：

```
文件读写权限错误
文件关闭
```

同时写入 content 中的字符串到 test.txt 文件。在 test.txt 文档中，写入内容如下。

白日依山尽，黄河入海流。欲穷千里目，更上一层楼。

说明：在逻辑上 else 语句块与 except 语句块是并列关系，不管 try 语句块里面的代码是否发生异常，都会执行 finally 语句块里面的代码。这种组合使用的次数很多。在程序中，无论是否捕捉到异常，都必须要执行某件事情，可以使用 finally 语句块处理。一般情况下，finally 语句块多用于预设资源的清理操作，释放资源，例如关闭文件、关闭网络连接、释放锁等。

例 11-4 输入两个整数相除，求它们的商并输出结果。

```
try:
    Dividend = int(input("请输入一个整数(被除数):"))
    Divisor = int(input("请输入一个整数(除数):"))
```

```
    Quotient = Dividend / Divisor
except ZeroDivisionError:
    print("除数不能为 0")
except ValueError:
    print("不是整型数据")
else:
    print("您输入的两个数相除的结果是:", Quotient)
finally:
    print("程序结束,谢谢")
```

先输入 2、0，再输入 a，查看执行情况。

执行结果 1：

```
请输入一个整数(被除数):2
请输入一个整数(除数):0
除数不能为 0
程序结束,谢谢
```

执行结果 2：

```
请输入一个整数(被除数):a
不是整型数据
程序结束,谢谢
```

微课 11-1：捕获与处理异常

职业素养提升

通过不同语言代码“看世界”——警惕思维的误区，掌握基本编程技能。

(1) 循环危机。代码如下：

```
i = 0
while (i != 10):
    print("start")
    i += 0.1
print("end")
```

这段代码的目标是让 i 逐渐增加到 10。但由于浮点数精度问题，它会导致无限循环，i 永远不会等于 10。

(2) 无限的 love。代码如下：

```
def love():
    love = 1
    while (love > 0):
        print("I love programming!\n")
```

```
        love = love + 1
    return 0
if __name__ == "__main__":
    love()
```

这段代码试图展示程序员对编程的热爱,但程序在love变量溢出后会进入一个无限循环。

与Bug和Debug的“战斗”要梳理良好的编程思路,掌握基本编程技能,警惕思维误区。应具备危机意识,培养预防Bug发生,发现和处理Bug的能力。

11.2.3 触发异常

Python程序中的异常不仅可以自动触发异常,还可以由开发人员使用raise和assert语句主动触发异常。

一般都是想方设法地让程序正常运行,为什么还要手动设置异常呢?首先要分清楚程序发生异常和程序执行错误,它们完全是两码事,程序由于错误导致的运行异常是需要程序员想办法解决的,但还有一些异常是程序正常运行的结果,比如用raise手动触发的异常。

在Python中,要想触发异常,最简单的形式就是输入关键字raise,后跟要触发的异常名称。执行raise语句时,Python会创建指定的异常类的一个对象。raise语句还可指定对异常对象进行初始化的参数。为此,请在异常类的名称后添加一个逗号以及指定的参数(或者由参数构成的一个元组)。

raise触发异常的语法格式如下:

```
raise [Exception [args [traceback]]]          # 中括号[]内的内容可以省略
```

语句中Exception是异常的标准类型(例如NameError、TypeError等)中的任一种;args是提供的异常参数;traceback是可选的参数(在实践中很少使用),如果存在,则是跟踪异常对象。

根据raise语句的语法可知,有如下三种常用的用法。

1. 引发指定异常类的默认实例(格式1)

```
raise 异常类                  # 触发指定的异常名称,也可以直接写 Exception
raise 异常类(描述信息)        # 在触发异常类的同时,附带异常的描述信息
```

例11-5 编程输入2~5位人员姓名,不符合要求时用raise触发异常。

```
try:
    name = input("输入 2~5 位人员姓名:")
    if len(name) < 2:
        raise ValueError("姓名少于 2 位") # 不指定抛出异常的提示信息,使用默认提示信息
    elif len(name) > 5:
        raise ValueError("姓名多于 5 位") # 按需设置异常类提示信息
    else:
```

```
        print("您输入的姓名:", name)
except ValueError as e:
    print(e)  # 这里输出什么内容与抛出异常时使用的形式有关
```

分别输入李、李四、李四的兄弟们,分别看一看执行结果。

执行结果 1:

```
输入 2~5 位人员姓名:李
姓名少于 2 位
```

执行结果 2:

```
输入 2~5 位人员姓名:李四
您输入的姓名: 李四
```

执行结果 3:

```
输入 2~5 位人员姓名:李四的兄弟们
姓名多于 5 位
```

2. 引发指定的异常对象(格式 2)

```
raise 异常类对象 index = ValueError()
raise index                  # 使用异常类的实例触发异常
```

例 11-6 输入一个数,计算该输入数值的平方根,若输入数值为负数,手工触发异常。

```
import math

while True:
    try:
        m = input("编写程序求平方根,请输入一个数:")
        n = float(m)
        if n < 0:
            index = ValueError()
            raise index
        break
    except Exception as error:
        print("错误提示:", error)
        print("请输入正整数")
print(math.sqrt(n))
print("求平方根结束")
```

执行结果如下:

```
编写程序求平方根,请输入一个数:-4
错误提示:
请输入正整数
```

```
编写程序求平方根,请输入一个数:9
3.0
求平方根结束
```

3. 单独使用 raise(格式 3)

```
raise              #使用刚出现过的异常重新引发异常
```

注意:不带任何参数的 raise 语句可以再次引发刚刚发生过的异常或默认触发 RuntimeError 异常,其作用就是向外传递异常。

例 11-7 编写程序访问列表 a 的元素并打印输出。a 中有 5 个元素,应考虑异常情况。

```
#依次输入 0、6,看一下运行结果有什么不同
try:
    a = [1, 2, 3, 4, 5]
    i = int(input("请输入列表索引:"))
    b = a[i]
    raise IndexError
except:
    raise
```

执行结果 1:

```
请输入列表索引:0
Traceback (most recent call last):
  File "D:\Python\Project11\Demo11.7.py", line 7, in <module>
    raise IndexError
IndexError
```

执行结果 2:

```
请输入列表索引:6
Traceback (most recent call last):
  File "D:\Python\Project11\Demo11.7.py", line 6, in <module>
    b = a[i]
IndexError: list index out of range
```

每次执行 raise 语句,都只能触发一次执行的异常。

除上述 3 种格式外,还有一种情况就是异常引发异常,也就是在 except 语句块中引发新的异常。

使用 raise...from...可以在异常中抛出另外的异常,这样可以根据实际情况对异常进行处理或转换。

例 11-8 编写输入年龄的程序,并考虑年龄小于 16 的异常情况。

```
try:
    age = int(input("请输入您的年龄:"))
```

```
    if age < 16:
        raise ValueError("年龄不能小于 16")
# 若此处设置 as 变量，那么后面的异常来自变量，即代码为 except ValueError as error
except ValueError:
# 未设置变量，此处为 from None;若设置变量为 error，代码为 raise TypeError("年龄类型错
# 误") from error
    raise TypeError("年龄类型错误") from None
print("程序运行结束")
```

执行结果如下：

```
请输入您的年龄:6
Traceback (most recent call last):
  File "D:\Python\Project11\Demo11.8.py", line 9, in <module>
    raise TypeError("年龄类型错误") from None
TypeError: 年龄类型错误
```

如果用户输入的年龄为负数，会首先触发 ValueError 异常，然后在 except 语句块中将其转换为 TypeError 异常。也就是 except 子句使用 raise...from... 触发 ValueError 异常后再触出 TypeError 异常。

微课 11-2：触发异常

职业素养提升

盘点历史上的软件 Bug“血案”——做好测试工作，预防 Bug。

(1) Bug 毁掉了日本最新的价值 18 亿美元的卫星。2016 年 2 月 17 日，日本寄予厚望的 X 射线天文卫星“瞳孔”成功发射。然而仅仅一个月后，“瞳孔”与地面的通信就遭遇严重故障，通过地面光学望远镜的测控发现了它的运行轨迹，出现多块太空碎片。4 月 28 日，日本宇宙航空研究开发机构(JAXA)正式宣布无法恢复对 X 射线卫星“瞳”的控制。据初步调查，事故原因源于底层软件错误。当卫星控制系统发现飞行姿态失控后，做出了错误的调整。当推进器被点燃时，它面向了错误的相反方向，导致其自身旋转变得更加严重，最终完全失控。

(2) 美国东北电网停电事故(2003 年)。由于电网监控系统中的软件缺陷，导致电网操作人员未能及时察觉和处理电力过载问题，最终导致了美国东北地区大规模停电事故，影响超过 5000 万人。

(3) 美国太空船哥伦比亚号事故(2003 年)。太空船哥伦比亚号的航天器软件存在缺陷，未能识别和报告船体热保护层的损坏。这一缺陷导致船体在重返大气层时受到严重损坏，最终导致航天飞机坠毁，7 名宇航员遇难。

上述案例中，无论工程师做了多少轮测试工作，无论花了多少个不眠之夜进行编程，都有可能因为程序导致 Bug，可能造成生产力浪费、返工、人和物实际损害并进而造成无法挽回的损失。

职场中的责任与权益是相辅相成的。作为一名程序员，应该时刻保持敬业精神，认真对待每一项工作，避免因为疏忽大意而给公司带来损失。

11.2.4 自定义异常

有时，Python 内置的异常类型无法满足项目的需求，用户可以对某个预估会发生的错误创建一个自定义类，这样在发生错误时可以很快认出这个错误。

BaseException 类是所有异常类的直接或者间接基类，但是自定义的类不能直接继承此类，而是要继承 Exception 类。自定义异常类一般以 Error 或者 Exception 为后缀进行命名，创建一个继承 Exception 类或 Exception 子类的类。当遇到自己设定的错误时，使用 raise 语句抛出自定义的异常。

1. 自定义异常类创建

例 11-9 编写自定义异常类，并使用 raise 语句抛出自定义的异常。

```
class MyException(Exception):   # 创建了一个名为 MyException 的自定义异常类
    pass                        # pass 关键字代表忽略一个异常

try:
    raise MyException("自定义异常")
except MyException as e:
    print(e)
```

执行结果如下：

```
自定义异常
```

2. 自定义异常类并添加属性和方法

例 11-10 编写输入成年人年龄的程序，年龄在 18～150 岁，编写自定义异常情况并使用 raise 语句抛出自定义的异常。

```
class AgeError(Exception):
    def __init__(self, info):       # 在自定义异常类中添加了一个 info 属性
        self.info = info            # 在构造函数中初始化它

    def _str_(self):                # 添加一个方法来获取异常的代码
        return self.info

age = int(input("请输入年龄："))
if age < 18 or age > 150:
    raise AgeError("年龄不在成年人范围内！")
else:
    print("年龄是：", age)
```

执行结果如下：

```
请输入年龄:9
Traceback (most recent call last):
  File "D:\Python\Project11\Demo11.10.py", line 10, in <module>
    raise AgeError("年龄不在成年人范围内!")
__main__.AgeError: 年龄不在成年人范围内!
```

3. 自定义异常类替换内置异常类

自定义异常类还可以和 try...except 语句一起使用,与内置异常类用法类似。try...except 语句可以捕获自定义异常,运行中的程序既能不被异常中断,同时触发异常信息。

语法格式如下:

```
try:
    # 抛出自定义异常
    raise 自定义异常类名(参数)
Except 自定义异常类名 as 变量名:
    # 捕获抛出的自定义异常并输出自定义异常的参数
    变量名.参数
```

例 11-11　编写输入成年人年龄的程序,年龄在 18～150 岁,编写自定义异常并使用 try...except 语句捕获它。

```
class AgeError(Exception):
    def __init__(self, info):      # 在自定义异常类中添加了一个 info 属性
        self.info = info           # 在构造函数中初始化它

try:
    age = int(input("请输入年龄:"))
    if age < 18 or age > 150:
        raise AgeError("年龄不在成年人范围内!")
    else:
        print("年龄是:", age)
except AgeError as a:
    print(a.info)
```

执行结果如下:

```
请输入年龄:9
年龄不在成年人范围内!
```

其他写法如下:

```
class CustomError(Exception):
    def __init__(self, message):
        self.message = message

try:
    age = int(input("请输入年龄:"))
    if age < 18 or age > 150:
```

```
        raise CustomError("年龄不在成年人范围内!")
    else:
        print("年龄是:", age)
except CustomError as e:
    print(f"Caught an error: {e.message}")
```

执行结果 1:

```
请输入年龄:9
```

执行结果 2:

```
请输入年龄:56
年龄是: 56
```

11.2.5 回溯最后的异常

使用 Exception 可以正常捕获到异常的原因,但不能输出详细的异常信息。了解是哪一行哪个函数报的错,即确定不能发送异常的位置和异常的代码。

执行下面的代码:

```
try:
    print("开始!")
    number = 1 / 0
except ZeroDivisionError as e:
    print(e)
print("结束!")
```

执行结果如下:

```
开始!
division by zero
结束!
```

上述例子,没有提示出错代码的详细位置,调试起来很不方便。

引入 Traceback 模块,错误发生时可以生成详细的报告,显示代码执行的路径,从错误发生的位置开始一直追溯到程序的起点,会显示相关的错误类型、错误位置、调用堆栈以及导致异常的具体原因。

发生异常时,Python 能"记住"引发的异常以及程序的当前状态。Python 还维护着跟踪对象,其中含有异常发生时与函数调用堆栈有关的信息。记住,异常可能在一系列嵌套较深的函数调用中引发。程序调用每个函数时,Python 会在"函数调用堆栈"的起始处插入函数名。一旦异常被引发,Python 会搜索一个相应的异常处理程序。如果当前函数中没有异常处理程序,当前函数会终止执行,Python 会搜索当前函数的调用函数,并以此类推,直到发现匹配的异常处理程序,或者 Python 抵达主程序为止。查找合适的异常处理程序的过程就称为“堆栈辗转开解”(stack unwinding)。解释器一方面维护着与放置堆栈中的函数有关的信息,另一方面也维护着与已从堆栈中“辗转开解”的函数有关的信息。

traceback 模块是 Python 的一个内置模块,可以用来查看程序的运行报错等信息。其常用的主要有 4 个函数,分别是 print_tb、print_exception、print_exc、format_exc。

下面主要介绍最后的两个函数。

语法格式如下:

```
try:
语句 1                          # 可能出现异常的代码
except:
traceback.print_exc()           # 两个函数二选一
print(traceback.format_exc())  # 两个函数二选一
后续语句块                      # 后面的代码
```

print_exc()、format_exc()都是 traceback 模块里面的函数,可以实现回溯异常,二者区别如下。

traceback. print_exc():将异常传播轨迹信息输出到控制台或指定文件中。

traceback. format_exc():将异常传播轨迹信息转换成字符串,并打印输出。

注意: 使用之前要加 import traceback。

例 11-12　编写一个除零错误,使用 traceback 捕获并打印错误信息,显示错误的类型和发生的位置。

```
import traceback

try:
    print("开始!")
    number = 1 / 0
except:
    log = traceback.format_exc()
    print(log)
    # print(traceback.format_exc())      # 这行代码等价于上面两行代码
print("结束!")
```

执行结果如下:

```
开始!
Traceback (most recent call last):
  File "D:\Python\Project11\Demo11.12.py", line 5, in <module>
    number=1/0
ZeroDivisionError: division by zero
结束!
```

例 11-13　编写一个除零错误,使用 traceback 捕获异常并将其输出到指定文件。

```
import traceback

try:
    print("开始!")
```

```
    number = 1 / 0
except:
    traceback.print_exc(file=open('pri.txt', 'w+'))
print("结束!")
```

执行结果如下:

```
开始!
结束!
```

同时直接打印异常信息到 pri. txt 文件。在 pri. txt 文件中,打印异常信息如下:

```
traceback (most recent call last):
  File "D:\softTest\pythonProject11\demo14.py", line 27, in <module>
    number = 1 / 0
ZeroDivisionError: division by zero
```

下面是打印到指定文件的第二种方法。

```
import traceback

try:
    print("开始!")
    a = b
    b = c
except:
    f = open("log.txt", 'a')
    traceback.print_exc(file=f)
    f.flush()
    f.close()
print("结束!")
```

执行结果如下:

```
开始!
结束!
```

同时直接打印异常信息到 pri. txt 文件中。在 pri. txt 文件中,打印异常信息如下:

```
traceback (most recent call last):
  File "D:\Python\Project11\Demo11.13-2.py", line 3, in <module>
    a=b
NameError: name 'b' is not defined
```

说明:traceback 包含错误类型和描述、文件路径和行号,以及包含调用堆栈。

微课 11-3:回溯异常

职业素养提升

小笑话及大学问——思考的魅力，因果的回溯，预防的力量

1. mian()的 Bug 之路

这其实是书写上的错误，之所以会放在这里强调一下，是因为很多程序员的职业生涯中都有过写错的经历，main 和 mian 傻傻看不出来！

2. 医院急诊科的程序 Bug——无形扒手，调查溯源

一位程序员为医院急诊科设计了一套应用程序，毕竟是为急诊病人服务，所以程序员在实验室内认真地测试无数遍，直至确定没有问题，才让医院部署使用。但是，医院使用过程中却总是出现问题，一拿到实验室就又没问题了。该名程序员于是深入医院调查，最后发现是医院的 X 光射线导致计算机内存丢失了几个位的信息，进而让程序出现问题！

3. 硬件开关的必要性——声音密码

某数据中心的火灾报警器因损坏，而在没有发生火灾的情况下响起。诡异的是，数据中心内确实出现了大面积的磁盘损坏和读写性能下降。经排查，因为报警器声音太大影响了磁头的运动！

Bug 和 Debug 的"战斗"在硬件和软件之间流淌，还要考虑周围环境的影响。应对问题产生的环境进行充分调研，时刻发现问题，并有能力解决问题。

11.3 项目实现

该项目包含一个任务，任务序号是 T11-1，任务名称是数据校验——居民肺活量达标监测。

11.3.1 分析与设计

1. 需求分析

根据给定项目情景，编写项目数据校验——居民肺活量达标监测的程序，对该区域居民肺活量达标情况进行监测。

该项目详细需求如下。

(1) 把输入信息及输出结果存储到 FVC.txt 文件中。

(2) 编写异常处理语句，输入相应信息后进行数据校验，如有误就抛出异常。

(3) 在屏幕上输出结果，参考标准值来监测结果。提示"不论监测结果如何，呼吸系统如有不适症状，请及时就医"等信息。

(4) 具体的输出形式、储存信息根据个人审美需求输入。

(5) 肺活量标准参考值公式如下。

男性：标准肺活量参考值 STD(mL)＝52×身高(cm)－22×年龄(周岁)－2490

女性：标准肺活量参考值 STD(mL)＝41×身高(cm)－18×年龄(周岁)－2890

注意：该公式来源网络，如跟当前最近研究成果有冲突，请忽略。本项目的目的在于了解程序的编程思路，不作为医疗诊断依据。

该项目分析如下。

(1) 输入、输出信息变量。确定输入、输出信息变量的数据类型及取值范围。输入信息包括 Name(姓名)、Gender(性别)、Age(年龄)、Height(身高)、Weight(体重)、FVC(肺活量)，输出信息包括 STD(标准参考肺活量)、Result(监测结果)。另外，max 和 min 分别表示标准值的上、下限，s 用来存放相关信息。

Name(姓名)：字符串(string)，非空。

Gender(性别)：字符串(string)，取值只能是男或女

Age(年龄)：数值(int)，取值 35～150。

Height(身高)：数值(int)，取值 50～300。

Weight(体重)：数值(int)，取值 35～150。

FVC(肺活量)：数值(int)，取值 35～150。

STD(标准参考肺活量)：数值(int)，计算值。

Result(监测结果)：字符串(string)。

max(标准值上限)：数值(float)，计算值。

min(标准值下限)：数值(float)，计算值。

s：字典数据类型，用来存放相关信息。

(2) 对输入数据进行校验，分析输入变量可能出现的异常情况，确定处理异常的方法。接着根据输入信息，结合给定参考公式，求出每个人的标准肺活量 STD。

录入信息后，根据性别、年龄和身高计算出标准肺活量参考值 STD，在参考标准值基础上再上下浮动 10%，得到比较值 min 和 max。肺活量 FVC 跟 max 和 min 进行比较，若肺活量 FVC 介于 max 和 min 范围内，监测结果 Result 输出肺活量良好；肺活量 FVC 高于 max，监测结果 Result 输出肺活量水平优秀；肺活量 FVC 低于 min，监测结果 Result 输出肺活量水平较弱。

男性标准肺活量参考值：

```
STD = 52 *s["Height"] - 22 *s["Age"] - 2490
```

女性标准肺活量参考值：

```
STD=41*s["Height"]-18*s["Age"]-2890
```

在 STD 的基础上求出上限值 max、下限值 min，再用肺活量 FVC 跟 max、min 进行比较，输出监测值 Result。

```
# 计算参考标准值 STD 的上限值
max = float(STD *1.1)
# 计算参考标准值 STD 的下限值
```

```
min = float(STD * 0.9)
# 肺活量 FVC 与参考标准值 STD 的上限值比较,得到监测结果
if s["FVC"] > max:
    Result = "肺活量水平优秀"
# 肺活量 FVC 与参考标准值 STD 的下限值比较,得到监测结果
elif s["FVC"] < min:
    Result = "肺活量水平较弱"
else:
    Result = "肺活量在正常范围"
```

(3) 所有数据存储到 FVC. txt 文件中。居民相关信息整行输出,参考存储语句如下:

```
fp.write(str(i).center(2) + s["Name"].center(8) + s["Gender"].center(2) + str(s
["Age"]).center(4) + str(s["Height"]).center(8) + str(s["Weight"]).center(8) +
str(s["FVC"]).center(10) + str(STD).center(10) + Result.center(10) + "\n")
```

2. 流程设计

该项目流程图如图 11-2 所示。

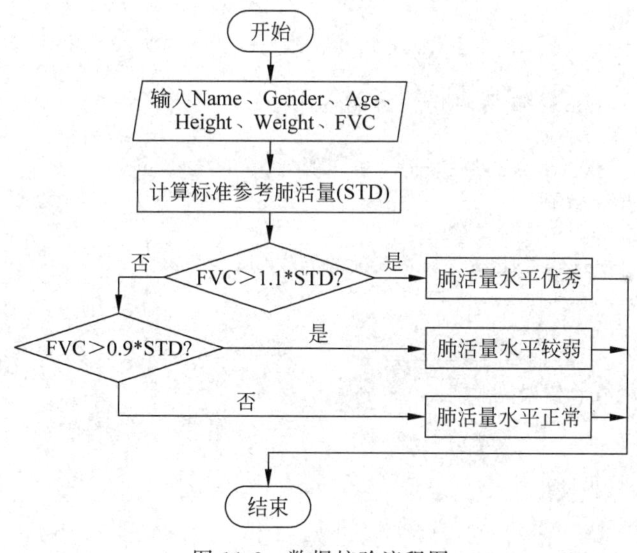

图 11-2　数据校验流程图

11.3.2　代码编写

项目参考源代码如下:

```
# 姓名(Name)数据校验
def Name():
    while True:
        try:
            Name = input("请输入姓名: ").strip()
```

```
            if Name == "":
                index = Exception("姓名不能为空")
                raise index
            break
        except Exception as error:
            print("错误提示:", error)
    return Name
# 性别(Gender)数据校验
def Gender():
    while True:
        try:
            Gender = input("请输入性别:").strip()
            if Gender != "男" and Gender != "女":
                raise Exception("无效的性别")
            break
        except Exception as error:
            print("错误提示:", error)
    return Gender

# 年龄(Age)数据校验
def Age():
    while True:
        try:
            a = input("请输入年龄:").strip()
            if a == "":
                raise Exception("年龄不能为空")
            m = int(a)
            if m < 35 or m > 150:
                raise Exception("无效的年龄")
            Age = m
            break
        except Exception as error:
            print("错误提示:", error)
    return Age

# 身高(Height)数据校验
def Height():
    while True:
        try:
            a = input("请输入身高(cm):").strip()
            if a == "":
                raise Exception("身高不能为空")
            m = int(a)
            if m < 50 or m > 300:
                raise Exception("无效的身高")
            Height = m
            break
        except Exception as error:
            print("错误提示:", error)
    return Height
```

```
# 体重(Weight)数据校验
def Weight():
    while True:
        try:
            a = input("请输入体重(kg):").strip()
            if a == "":
                raise Exception("体重不能为空")
            m = int(a)
            if m < 35 or m > 150:
                raise Exception("无效的体重")
            Weight = m
            break
        except Exception as error:
            print("错误提示:", error)
    return Weight

# 肺活量(FVC)数据校验
def FVC():
    while True:
        try:
            a = input("请输入肺活量值(ml):").strip()
            if a == "":
                raise Exception("肺活量不能为空")
            m = int(a)
            if m < 1000 or m > 8000:
                raise Exception("无效的肺活量")
            FVC = m
            break
        except Exception as error:
            print("错误提示:", error)
    return FVC

def enter(i):
    print("请输入第", i, "个居民信息")
    try:
        Result = 1
        # 创建字典值,存储居民信息
        s = {}
        s["Name"] = Name()
        s["Gender"] = Gender()
        s["Age"] = Age()
        s["Height"] = Height()
        s["Weight"] = Weight()
        s["FVC"] = FVC()
        s["Result"] = Result
        return s
        # 异常万能处理语句
    except Exception as e:
        print(e)
        return None

if __name__ == "__main__":
```

```
try:
    i = 1
    # 打开 FVC 文件,为输入数据做准备
    fp = open("FVC.txt", "at", encoding="utf-8")
    # 在 FVC 文件中输入行号信息
    fp.write("行号".center(2) + "姓名".center(6) + "性别".center(2) + "年龄".
       center(4) + "身高(cm)".center(6) + "体重(kg)".center(6) + "FVC(ml)".
       center(8) + "FVC 标准预估".center(8) + "监测结果".center(8) + "\n")
    while True:
        # 调用 enter 输入函数
        s = enter(i)
        if s:
            # 根据身高、年龄数据计算男性参考标准肺活量
            if s["Gender"] == "男":
                STD = 52 * s["Height"] - 22 * s["Age"] - 2490
                # 计算参考标准值 STD 的上限值
                max = float(STD * 1.1)
                # 计算参考标准值 STD 的下限值
                min = float(STD * 0.9)
                # 肺活量 FVC 与参考标准值 STD 的上限值比较,得到监测结果
                if s["FVC"] > max:
                    Result = "肺活量水平优秀"
                # 肺活量 FVC 与参考标准值 STD 的下限值比较,得到监测结果
                elif s["FVC"] < min:
                    Result = "肺活量水平较弱"
                else:
                    Result = "肺活量在正常范围"
            # 根据身高、年龄数据计算女性参考标准肺活量
            if s["Gender"] == "女":
                STD = 41 * s["Height"] - 18 * s["Age"] - 2890
                max = float(STD * 1.1)
                min = float(STD * 0.9)
                if s["FVC"] > max:
                    Result = "肺活量水平优秀"
                elif s["FVC"] < min:
                    Result = "肺活量水平较弱"
                else:
                    Result = "肺活量在正常范围"
            # 存储相应信息到 FVC.txt
            fp.write(str(i).center(2) + s["Name"].center(8) + s["Gender"].
                center(2) + str(s["Age"]).center(4) + str(s["Height"]).center
                (8) + str(s["Weight"]).center(8) + str(s["FVC"]).center(10) +
                str(STD).center(10) + Result.center(10) + "\n")
            # 在控制台输出监测结果并友情提示
            print("监测结果 \n----------------")
            print("标准值:", STD)
            print("监测结果:", Result)
            print("友情提示 \n----------------")
            print("不论监测结果如何,呼吸系统如有不适症状,请及时就医")
```

```
            i = i + 1
            # 是否连续输入多位居民信息提示
        n = input("继续输入吗(Y/N)")
        if n != "Y" and n != "y":
            break
    fp.write("分界线------------------------------------\n")
    # 关闭存储文件
    fp.close()
    # 万能异常处理语句
except Exception as error:
    print("错误提示:", error)
else:
    print('居民肺活量达标监测信息完成!!')
```

11.3.3　运行并测试

(1) 使用 Run 命令运行项目,如有错误,先调试并修改错误,如图 11-3 所示。

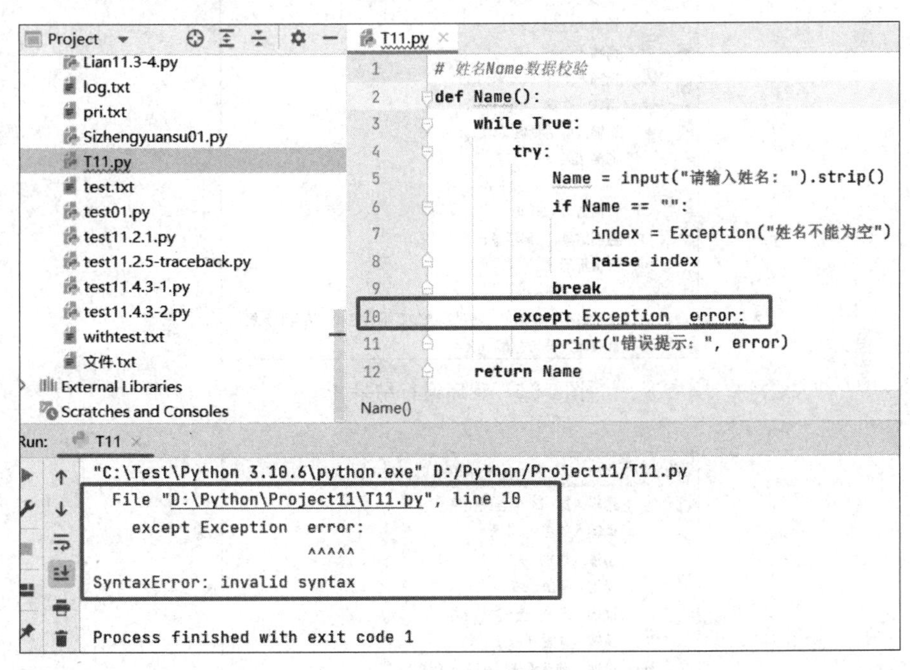

图 11-3　程序调试

错误提示:“File "D:\Python\Project11\T11. py", line 10”表示第 10 行代码“except Exception error:”处有错误,“SyntaxError: invalid syntax”提示为语法错误。

错误原因:“except Exception error:”语句中,异常捕捉语句缺少关键字“as”。

修改方法:在变量 error 前面加关键字 as,语句修改为“except Exception as error:”。

(2) 修改所有错误,再次运行。连续输入 3 个居民的信息,输入、输出情况如图 11-4～图 11-7 所示。可以尝试不同情况的多次输入,观察输出结果。

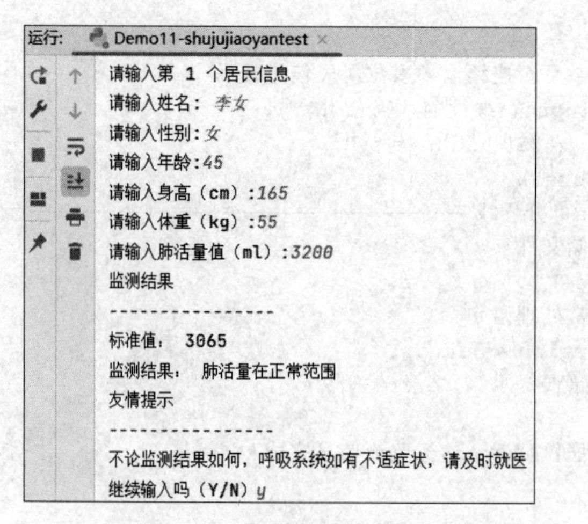

图 11-4　程序运行结果 1

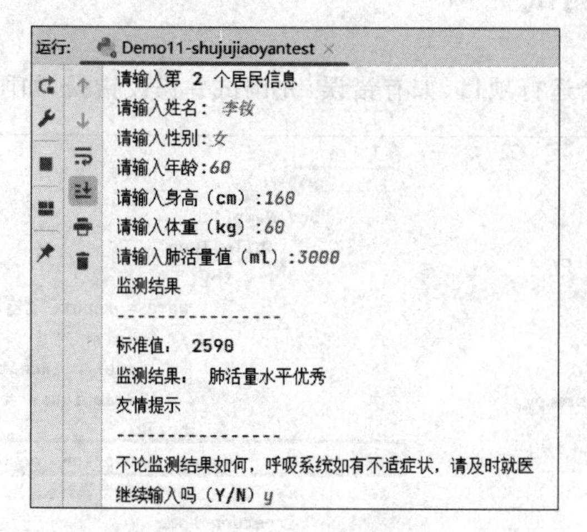

图 11-5　程序运行结果 2

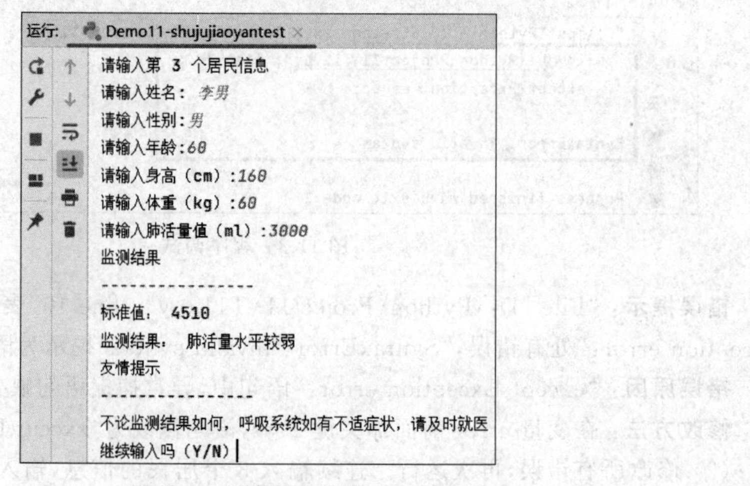

图 11-6　程序运行结果 3

行号	姓名	性别	年龄	身高（cm）	体重（kg）	FVC（ml）	FVC标准预估	监测结果
1	李女	女	45	165	55	3200	3065	肺活量在正常范围
2	李钕	女	60	160	60	3000	2590	肺活量水平优秀
3	李男	男	60	160	60	3000	4510	肺活量水平较弱

分界线-----------------------------------

图 11-7　程序运行后在 FVC 文件中存储数据

小记录：

你在程序生成过程中发现________个错误，错误内容如下。

____

____

____

____

大发现：

____

____

微课 11-4：项目 11 实现

11.4　知识拓展

11.4.1　assert 语句

Python 除了使用 raise 语句主动抛出异常，还可以使用 assert 语句主动抛出异常。

assert 语句又称作断言，指的是期望用户满足指定的条件。

当用户定义的约束条件不满足的时候，它会触发 AssertionError 异常，所以 assert 语句可以当作条件式的 raise 语句。

assert 语句语法格式如下：

```
assert 逻辑表达式,data
```

assert 语句与下述语句等价。

```
if not 逻辑表达式:
    raise AssertionError(data)
```

说明：assert 后面紧跟一个逻辑表达式，相当于条件。data 通常是一个字符串，当条件为 false 时作为异常的描述信息。

例 11-14 输入两个整数相除，求它们的商并输出结果。

```
print("开始")
Dividend = int(input("请输入一个整数(被除数):"))
Divisor = int(input("请输入一个整数(除数):"))
assert Divisor != 0, " Divisor 的值不能为 0"
Quotient = Dividend / Divisor
print("结束")
```

执行结果如下：

```
开始
请输入一个整数(被除数):2
请输入一个整数(除数):0
Traceback (most recent call last):
  File "D:\Python\Project11\Demo11.14.py", line 4, in <module>
    assert Divisor!=0," Divisor 的值不能为 0"
AssertionError:  Divisor 的值不能为 0
```

11.4.2 异常的传递

在 Python 中异常具有传递性，这意味着当一个异常在代码中被捕获时，它可以被传递给外层的 try 语句块进行处理。如果最终没有找到能够处理该异常的 try 语句块，程序将终止并显示错误信息。异常处理的顺序是从内向外进行的，即先处理内层的 try 语句块，如果没有处理则继续向外层传递。

例 11-15 编写一个函数异常，内层没有捕捉，向上传递，最后被主程序捕捉。

```
def fun1():
    print("1")
    m = input("请输入数字:")
    num = 10 / int(m)
    print(num)
    print("2")

def fun2():
    print("3")
    fun1()
    print("4")

try:
    print("5")
    fun2()
    print("6")
except Exception as e:
    print("7")
    print(e)
```

执行结果如下：

```
5
3
1
请输入数字:0
7
division by zero
```

由上面函数执行过程可知，fun1 中出现的异常自己没有捕捉，在调用 fun2 中也没有捕捉，最后在主程序中被捕捉到，即异常有传递性。在一个函数中没有被捕捉的异常会传递给调用该函数的其他函数，这个过程会一直传递下去，直到异常被捕捉为止，也就不再往后传递了。

11.4.3 sys 模块回溯异常

除了采用 traceback 模块中的函数回溯异常，Python 还可以通过 sys.exc_info()回溯。sys.exc_info()的返回值是一个 tuple，即 3 值元组，元组内容为(type，value/message，traceback)，其中包含调用该命令时捕获的异常。内容说明如下。

(1) type：异常的类型。

(2) value/message：异常的信息或者参数。

(3) traceback：包含调用栈信息的对象。

从这点上可以看出此方法涵盖了 traceback。

例 11-16 当被除数是 0 时，用 sys 模块捕获 ZeroDivisionError 异常。

```
import sys
import traceback

try:
    # 一些可能引发异常的代码
    1 / 0
except:
    exc_type, exc_value, exc_traceback = sys.exc_info()
    print("异常类型：", exc_type)
    print("异常信息：", exc_value)
    print("异常回溯：")
    traceback.print_tb(exc_traceback)
```

执行结果如下：

```
异常类型： <class 'ZeroDivisionError'>
异常信息： division by zero
异常回溯：
  File "C:\P11\Test11\test.py", line 6, in <module>
    1 / 0
```

11.5 项目改进

你对该项目满意吗?你对该项目进行的数据校验异常处理满意吗?你可以对该项目提出改进与完善的要求并当你有能力时实现它。

(1) 尝试给该程序加入增加、更新、删除、修改数据的功能。

(2) 尝试将该项目的数据存储在 MySQL 的 MyDB 的 marks 表中。

(3) 尝试采用不同的方法捕捉异常,重新编写项目。

(4) 尝试把写入 FVC 文件的内容再读取到控制台上。

11.6 Python 在软件测试中的应用

软件测试是在规定的条件下对程序进行操作,以发现程序错误的过程。通俗来说,它是通过“人工”或“自动化”的手段来测试某个程序或系统,进而检验其是否满足规定的需求或是弄清预期结果与实际结果之间的差别。

Python 在软件测试中扮演着重要的角色,其应用广泛且深入。以下是 Python 在软件测试中的一些主要应用。

(1) 自动化测试。Python 提供了丰富的自动化测试框架,如 Pytest 和 Unittest,这些框架使得测试人员能够编写自动化测试脚本,执行各种测试任务,如模拟用户操作,并从结果中收集信息。自动化测试可以大大提高测试效率,减少人为错误,并使得测试过程更加可靠和可重复。

(2) 性能测试。Python 可以结合第三方库和模块进行系统性能评估。通过模拟大量用户访问,Python 提供了多种工具和库来提升测试效率,帮助测试人员了解系统在高负载下的表现,从而确保软件能够满足性能需求。

(3) 接口测试。Python 的简洁性和强大的库支持使得它成为接口测试的理想选择。测试人员可以使用 Python 编写脚本,模拟发送 HTTP 请求,验证接口的正确性和稳定性。

(4) UI 测试。虽然 Python 在 UI 测试方面可能不如一些专门的 UI 测试工具强大,但它仍然可以通过一些库和框架进行 UI 自动化测试。例如,使用 Selenium 库,Python 可以模拟用户在浏览器中的操作,实现 UI 自动化测试。

(5) 安全性测试。在高级软件测试中,安全性测试占有重要地位。Python 可用于执行各种安全性测试,如漏洞扫描、渗透测试等,并确保软件的安全性。

Python 的易读易写特性使得测试人员能够更快速地编写和调试自动化测试脚本。Python 还支持多种协议和文件格式,如 HTTP、JSON、XML 等,可以与多种应用程序进行集成,这使 Python 自动化测试能够与 Web 应用、API、数据库等进行交互和测试,从而提高测试覆盖率和可靠性。

Python 在软件测试中的应用广泛且深入,无论是在自动化测试、性能测试还是安全性测试方面都发挥了重要作用。随着软件技术的不断发展，Python 在软件测试中的应用将会更加广泛和深入。

练　一　练

1. 编写程序，让用户输入两个整数 start 和 end，然后输出这两个整数之间的一个随机数。要求考虑用户输入不是整数的情况，以及 start＞end 的情况。根据实际情况进行适当提示或输出。

2. 编写程序，在指定文件路径中以读方式打开指定文件名，要求如果文件不存在，则提示异常错误并且创建新的同名文件。

3. 模拟小学生分树苗。

(1) 小学生每次植树都要分树苗，老师每次口头计算都比较麻烦，请定义一个模拟分树苗的函数 division()。在该函数中，要求输入树苗的数量和学生的数量，然后应用除法算式计算分配的结果(不能有小数)，输出每人分配的树苗树和剩余的树苗数。

(2) 在(1)中写出了分树苗的函数，正常情况下可以运行，但是在输入学生人数为 0 的时候程序报错，这是不允许的，希望通过异常捕获的方法捕捉这个异常。

(3) 在(2)中写出了分树苗的函数，如果不输入 0，正常情况下可以运行，但是在输入学生人数为 3.5，即输入非正整数时程序报错，这是不允许的，希望通过异常捕获的方法捕捉这个异常(尝试把你认为可能存在的异常都写一下)。

(4) 参考(3)中写处理分树苗的函数。现在学校要求学生至少分到一棵树苗，如果每个学生没有平均分到一棵树苗则抛出错误，并把“树苗太少，不够分!”打印在屏幕上(使用 raise 触发异常)。

测　一　测

扫码进行项目 11 在线测试。

参 考 文 献

[1] 董付国. Python 程序设计基础与应用[M]. 北京：机械工业出版社，2020.
[2] 陈刚. Python 语言程序设计[M]. 北京：清华大学出版社，2020.
[3] 赵志宇，张磊. Python 程序设计与应用[M]. 北京：科学出版社，2019.
[4] 李宁，张华. Python 程序设计教程[M]. 北京：机械工业出版社，2019.
[5] 张洪建，刘晓东. Python 程序设计基础[M]. 北京：电子工业出版社，2018.
[6] 王浩，李强. Python 编程实践教程[M]. 北京：人民邮电出版社，2017.